鄢斌 主编

三院印記

王玉明 题

纪念中国第一颗原子弹爆炸成功60周年暨
庆祝核理化院成立60周年文集

中国原子能出版社

图书在版编目（CIP）数据

三院印记 / 鄢斌主编. -- 北京 ：中国原子能出版社，2024. 12. -- ISBN 978-7-5221-3668-4

Ⅰ. TL-24

中国国家版本馆 CIP 数据核字第 2024KM7389 号

三院印记

出版发行　中国原子能出版社（北京市海淀区阜成路 43 号　100048）
责任编辑　郭文传
装帧设计　侯怡璇
责任校对　刘　铭
责任印制　赵　明
印　　刷　北京天恒嘉业印刷有限公司
经　　销　全国新华书店
开　　本　787 mm × 1092 mm　1/16
印　　张　13.25
字　　数　175 千字
版　　次　2024 年 12 月第 1 版　2024 年 12 月第 1 次印刷
书　　号　ISBN 978-7-5221-3668-4　　定　价　**50.00 元**

发行电话：**010-68452845**

编　委　会

编　辑　部

主　编：鄢　斌

副主编：姜宏民　陈璐璐

成　员：（以姓氏笔画排序）

边钰涵　孙世达　李长富　李伟为　李敏楠

吴　俊　吴增文　张　琦　张金龙　张淑娟

张舒婷　陈思琪　郄树一　靳　晴

序言

甲子薪传，同心致远。核工业理化工程研究院（简称核理化院）始建于 1964 年，时称华北六〇五所，1988 年更名为“核工业理化工程研究院”，是我国从事同位素分离技术和装备研制的重点科研机构、我国同位素研发事业发展的重要摇篮，隶属中国核工业集团有限公司。

核理化院成立 60 年以来，担负着强核报国的崇高使命，以王承书院士为代表的几代核理化院人心怀对国家的深沉眷恋，对科学的坚定信仰，走过了一个甲子的光辉历程，成功研制出具有自主知识产权和国际先进水平的系列型号专用装备，解决了长期制约我国核燃料产业发展的瓶颈问题，实现我国核工业在核心技术方面的历史性跨越，为我国核科技力量建设与核能发展提供了坚实的物质和技术保障。近年来，核理化院勇担同位素分离技术创新链链长使命，全力打造世界一流同位素分离技术与装备研发基地和高新技术产业高质量发展平台，为建设核工业强国和筑牢国家安全重要基石作出了突出贡献。

为大力弘扬“两弹一星”精神、“四个一切”核工业精神，践行“强核报国、创新奉献”新时代核工业精神，传承发扬科学家精神，讲好核理化院故事，在新中国成立 75 周年、我国第一颗原子弹爆炸成功 60 周年暨核理化院成立 60 周年之际，我们编辑出版《三院印记——纪念中国第一颗原子弹爆炸成功 60 周年暨庆祝核理化院成立 60 周年文集》。书中文章由核理化院离退休职工、在职职工，以及对核理化院有深厚感情的院外单位人员撰写，生动记录了核理化人工作、生活中的点滴记忆，饱含了核理化院人对党和国家的无限赤诚，对核事业的无限热爱，对美好生活的真诚向往，展现出核理化人昂扬向上、锐意进取的精神状态和奋斗姿态。

非凡甲子，再启新程。核理化院将坚持以习近平新时代中国特色社会主义思想为指导，深入学习贯彻党的二十届三中全会精神，贯彻落实集团公司党组和中国原子能党委决策部署，大力弘扬科学家精神、“两弹一星”精神和核工业精神，深入传承“承书风范”“念念风范”，团结带领广大职工以强烈的责任意识、宽广的大局眼光、高度的战略思维，紧紧握好核事业发展“接力棒”，抢抓机遇、继往开来，在实现高水平科技自立自强和科技产业高质量发展的新征程上踔厉奋发、建功立业，为实现中核集团“三位一体”奋斗目标和推进中国式现代化贡献坚实力量！

核理化院/公司党委书记、执行董事

核理化院/公司院长、总经理

目录

三院印记

第一章

国家栋梁　科研砥柱

“三次我愿意”背后的坚强党性

中国科学院院士王承书

有这样一位科学家，她是邓稼先、杨振宁的老师和好友；她是中国铀同位素分离事业的理论奠基人；她是参与我国第一颗原子弹研制项目为数不多的女性之一；她隐姓埋名三十余载，用三个“我愿意”肩负起国家的重托。她，就是王承书——一位不为公众了解的核物理学家。

归心似箭　一位真正的爱国者

王承书出生在上海一个殷实的诗书之家，和普通的女孩不同，她从小就有着极高的理科天赋。1930 年，成绩优异的王承书被保送到燕京大学物理系。在她看来，物理学是世界上最先进的自然科学。在那个战火纷飞的年代，被严重破坏的国家需要这样的科学来支撑，她所热爱的物理学，不仅是个人兴趣，更是日后拯救国家的利器！

1941 年，王承书到美国密歇根大学学习，1944 年获博士学位。在美学习期间，她勤奋好学的品质在异国他乡绽放出灿烂的光芒，她与导师合作提出的“王承书—乌伦贝克方程”，一发表就轰动了世界，至今仍被科学界沿用。乌伦贝克教授曾高度评价她：“真是一个不可多得的人才，她的前途无可限量，如果在美国继续工作研究下去，极大可能会获得诺贝尔奖！”然而，王承书虽然身为一个弱女子，在她瘦弱的身体里，却蕴含着巨大的能量，她暗下决心：“我一定要回国，并且要带着一身本事回去！”她拒绝了在美国“光明无限”的未来和优裕的生活，冲破重重阻挠，毅然决然地回到了祖国的怀抱。

1956 年 10 月 6 日，是王承书终生难忘的一天，在离别了 15 年的祖国国境上，她第一次看到五星红旗在空中飘扬。王承书夫妇排除重重阻挠回到了祖国，在他们回国前，还邮寄了 300 多个包裹的书籍。她说：“我就是要为国家做贡献，我不能等人家把中国建设好了再回来，所以国家需要什么我就干什么。”

隐姓埋名　经历三次“我愿意”

王承书的一生面临着很多次选择，在国家需要的时候，她肩负起国家的重托，为了祖国的核事业，多次从零开始，涉足不同的专业领域，成为我国为数不多的理论物理学家、核物理学家和工程物理学家。

1956 年，刚刚回国的王承书连凌乱的家都没安顿好，就按照组织安排立即投入工作，到北京大学任教。由于当时国家的需要，王承书放弃了已经取得很大成就的统计物理学和热力学专业，调到了中国科学院物理研究所，开始在第四研究室从事铀同位素理论研究。面对回国后的第一次选择，她没有犹豫，没提任何条件和要求，毅然决然服从国家需要，不惜从零开始。

1958 年，我国筹备了热核聚变研究室。聚变能被认为是人类最理想的清洁能源，也称“人造太阳”。但当时这一技术在国内一片空白，也是王承书从未接触的陌生领域，对 46 岁专业已经定型的她而言，这是一个充满风险的巨大考验。面对钱三强的邀请，王承书毫不犹豫地说出了“我愿意”。“半路改行我不怕，我愿意接受这个任务！”接到任务后，王承书马上就带领一些同志到苏联去学习，在回国的七天七夜的路途中，她把资料全部翻译成中文，并很快出版。经过两年的努力，王承书已十分熟悉这个领域，她带领着一支理论队伍，为我国受控热核聚变和等离子体研究奠定了坚实的基础，填补了我国在热核聚变理论方面的空白。

正当王承书准备在热核聚变领域中进行更深层次的研究时，一个突然的情况，不但再次令她从零开始，更让她从国际物理学领域彻底“消失”了。当时，苏联撤走在我国的高科技领域专家，带走大量技术资料，只留下一堆拆不走的机器和厂房。面对如此严峻的形势，1961 年 3 月，钱三强再次找到王承书：“承书同志，现在国家需要你再次转行，这件事情要绝对保密，你看行吗？”王承书平静地说：“我愿意！”她似乎是不假思索地说出了这掷地有声的 3 个字。从此之后，王承书的行踪不为人知，因为这次的选择，意味着她要放弃之前所有的功成名就，从此隐姓埋名。

尽职尽责　一名真诚的共产党员

王承书不仅将毕生精力献给了铀浓缩事业，更难能可贵的是她甘当人梯，为国家培养出一大批铀同位素分离领域的高级人才。1961 年，王承书主持了铀同位素分离理论培训班，培养了我国第一代铀同位素分离理论队伍，在苏联专家突然撤走后，为我国很快地渡过技术难关打下了坚实的基础。

1963 年底，高浓铀投入生产，这是决定我国第一颗原子弹是否成功的关键。大家都不敢保证数千台机器启动后能否产出合格的高浓铀。当大家屏住呼吸静静地等待着结果时，报告出来了，王承书紧皱的眉头慢慢舒展开，脸上露出了笑容，终于成功了！王承书带领的团队交付产品的时间比原计划整整提前了 113 天，保证了原子弹的装料。至此，中国成为世界上第五个掌握高浓铀研制技术的国家。

为了搞科研，王承书常年住在集体宿舍，很少回家，顾不上照顾丈夫和孩子。由于工作地点离家较远，在 1958—1978 年长达 20 年的期间，她每周只能回家一次与家人团聚。为了带队伍，她言传身教，直到 80 岁高龄还拿着放大镜一篇篇看学生论文；为了保密，她从国内、国际的物理学术殿堂销声匿迹，从此没在学术刊物上发表过论文，连给学生的著作审校也不署名。

1961 年，王承书加入了中国共产党。从那一天开始，她就把工资的大部分用来交党费，剩下的几十元钱里，还要拿出一部分资助学术活动和生活困难人员。有人劝她：“王先生，你不能这么交，你还得生活呀。”王先生摇摇头：“我既然入了党，就要给党做贡献。”丈夫去世后，王承书将家里的 10 万元积蓄以丈夫的名义捐给了“希望工程”。

1994 年 6 月 18 日，王承书平静地离开了这个世界。她在遗嘱中强调，将家中的国库券交最后一次党费，银行存款捐献给希望工程。王承书为我国核工业发展做出了巨大贡献，她用自己的实际行动诠释了“干惊天动地事，做隐姓埋名人”的崇高精神。我们永远不会忘记，她光辉的一生将鞭策着我们核工业人牢记使命，勇往直前！

中国核化学领域的开拓者

中国科学院院士吴征铠

吴征铠，物理化学家、核化学家和化学教育家，1913 年 8 月 8 日出生于上海，祖籍江苏扬州。1934 年毕业于金陵大学化学系。1936 年英国剑桥大学物理化学研究所研究生。1980 年当选为中国科学院学部委员（院士）。1940 年起历任湖南大学化学系教授，浙江大学化学系教授、系主任，复旦大学化学系教授、系主任。是中国早期从事红外和拉曼光谱的研究者之一，对中国的分子光谱学和激光化学的成长与发展起了推动作用。20 世纪 60 年代转入原子能方面的工作，历任原子能所研究员、615 室主任、华北605所副所长、原子能所副所长，核工业部科技局总工程师，部科技委常委、高级顾问等职，以及复旦大学兼职教授、博士生导师。曾任中国化学会、中国核学会常务理事和名誉理事、中国光谱学会会长，第三届全国人大代表，第五届到第七届全国政协委员。1980年当选为中国科学院化学部学部委员（院士）。

中国早期从事红外和拉曼光谱的研究者之一

在20世纪30年代，采用红外和拉曼光谱技术研究分子光谱是一个新兴领域。吴征铠 1934 年毕业于金陵大学化学系，成绩优异，成为斐陶斐荣誉学会会员。1936年他抱着“科学救国”的思想考取了中英庚子赔款留学生，成为剑桥大学物理化学研究所第一个中国研究生。在著名分子光谱学家G.B.B.M.萨瑟兰指导下从事红外和拉曼光谱研究。通过3年的勤奋工作，于 1938 年发表了“四氯化碳振动光谱中的同位素效应”论文，对四氯化碳分子拉曼光谱的精细结构进行了细致的测定，并提出可以通过该分子中氯原子的同位素效应来解释，从而消除了当时人们对四氯化碳分子是否具有四面体构型的怀疑。同年，还发表了铀酰化合物红外和拉曼光谱的研究论文，提出铀酰离子可以看作是具有等腰三角形结构的三原子分子。这是对铀酰离子振动光谱的先驱性研究，曾被以后不少专门著作所引用。当时他从事铀化合物的分子光谱测定的年代，人们还不知道铀对原子能利用将发生重大的作用，但在 20 年之后，他再次同铀打交道的时候，却是明确地为了发展我国的原子能事业。

吴征铠在剑桥大学留学期间，曾在液氮温度条件下测定了固态氯化氢分子的红外和拉曼光谱，通过比较液态和固态条件下该分子在光谱上的差异，对弄清在固态中分子是否发生量子化转动具有十分重要的作用。此外，他曾测定了磷化氢（PH_3）、磷化氘（PD_3）和砷化氢（AsH_3）分子的红外光谱，对了解这些分子具有类氨（NH_3）分子结构起了重要作用。遗憾的是自 1939 年他回国以后，直至 50 年代初期，由于受当时实验条件的限制，使他无法继续开展红外和拉曼光谱的实验研究工作，只能依赖于国外文献发表的实验数据，做一些有关分子力常数与核间距之间的理论研究。直至新中国成立以后，在 50 年代中期他曾积极协助中国科学院有机化学研究所建立红外光谱实验室，并在复旦大学化学系购置了红外光谱仪，与青年教师一起开始着手进行红外和拉曼光谱研究，同时还为我国培养了年轻一代的分子光谱专家。

从 1958 年开始，为了发展我国的原子能事业，吴征铠毫不犹豫地服从祖国需要，将工作重点转向筹建复旦大学原子能系。1960 年以后，他被调到第二机械工业部专门从事铀同位素分离技术研究，不得不再次中断了他在复旦大学准备开展的分子光谱研究。但是，即使在第二机械工业部十分繁忙和紧张的工作时期，他仍长期订阅国外有关分子光谱的学术刊物，关心国际上分子光谱研究的最新发展。1980 年以后，吴征铠仍孜孜不倦地钻研将激光技术用于分子光谱的研究，他曾指导研究生采用可调谐染料激光器进行相干反斯托克斯拉曼光谱（CARS）研究，并获得可喜的成果。在国内率先建立了低温基体隔离傅里叶红外光谱（MI-FTIR）技术，而且成功地用于激光光化学反应的研究。还获得国家自然科学基金会资助，与复旦大学师生一起开展振动激发态分子的光谱和光化学研究。由于他长期热心于推动我国光谱学科的发展，在中国光谱学会成立时被推选为理事长。此后，他积极支持创办《光谱和光谱分析》杂志，曾多次组织国际光谱学术会议和率领学术代表团出访，促进了国际学术交流。他是我国分子光谱领域重要的开拓者之一。

攻克同位素铀分离技术难关
为发展我国原子能事业做出贡献

20世纪50年代后期，我国浓缩铀气体扩散厂在苏联的援助下已开始建设。该厂所用最重要的原料是六氟化铀。1960年由于苏联单方面中断了对中国提供生产六氟化铀的技术援助，使浓缩铀同位素工厂陷入“无米之炊”的困境。1960年8月吴征铠调到原子能研究所后，立即参加领导一套代号为“615 乙”的六氟化铀简法生产装置的运行和试验。这台装置是我国自行设计和建设的，经我国科研人员的共同努力可以生产少量合格的六氟化铀产品，但无法连续生产。当时，吴征铠对六氟化铀生产工艺还不很熟悉，他凭着良好的基础知识和长期积累的分析问题的能力，果断提出这台装置的主要毛病是冷凝器容易被堵塞，必须改进，他毅然向上级提出改进冷凝器内接触面的意见。经过实践，表明改进后的冷凝器安装在六氟化铀生产装置上性能良好。这为攻克气体扩散厂初期原料供应的难关起了重要作用。

与此同时，吴征铠还指导铀同位素分离中核心部件—分离膜的研制工作。1960年原第二机械工业部副部长钱三强在第一次会见他时曾出示苏联提供的一个分离膜样品，并说明这是气体扩散机的心脏。分离膜是粉末冶金的产品，需要用超细和均匀的金属粉末作为原料，因而必须首先解决原料生产问题。当时有关人员对生产该原料的技术路线有不同的意见。吴征铠借鉴了有关文献资料，提出采用气体化学分解反应制备超细金属粉末，因为这将有利于今后大规模生产。这个主张经过试验表明是正确的，不久从实验室制备扩大到大规模生产，为试制分离膜争取了时间。此外，在研制分离膜过程中，对它的技术性能测试也是十分重要的。按照常规方法需要在一套扩散机组内装上几万个分离膜才能进行测试。为了减少分离膜用量和节省测试费用与时间，吴征铠和研究人员一起经过反复探索后，提出在小扩散机组上进行测试，并根据紊流产生的原理在机内采取一定的技术措施，解决了小扩散机组气流速度太小的问题。这一技术革新措施不仅经实验证明能将小扩散机用于分离膜性能测试，而且有利于提高扩散机的分离效率，在以后大规模生产的机组中也被采用。我国第一代分离膜在很短时间内研制成功，这是多位科学技术人员大力协作、攻克重重难关的结果，它为浓缩铀气体扩散厂的稳定生产解决了最关键的部件。为此，这项研究成果在1978年全国科学大会上获“科学技术重大贡献奖”，1985年第二代分离膜荣获国家科技委员会授予的发明一等奖。

“文化大革命”开始后，截至1972年吴征铠才返回北京原子能研究所任副所长，负责化学方面的工作。1976年核武器研究院要求提供100居里锔-242，吴征铠亲自领导和参加了此项重要研制任务。在当时十分困难的条件下，先将强α放射源镅-241分装，送进核反应堆内辐照，再经分析鉴定，终于在短短3个月时间内按期完成了任务。这些合格产品及时满足了我国核武器试验的需要。

从吴征铠的科学生涯中可以看出，他的学术思想十分敏捷、活跃，善于接受新事物和提出新想法。例如，他于50年代中期在复旦大学指导研究生率先研究气相色层分离技术，这一技术在国外也才开始研究不久，而他就想到在色层柱内用手性吸附剂有可能用于分离外消旋混合物，但当时因受实验条件限制而未能实现。十多年后，他的想法已被国内外很多实验室先后验证。熟悉吴征铠的人都知道他善于科学畅想，敢于坦率提出新想法，因此，大家很愿意与他进行学术讨论，他在兼任中国科学院上海有机化学研究所和大连化学物理研究所学术委员会委员期间，曾对研究所的学术研究方向等提出过不少有益的意见。

最大兴趣在于教育　希望学生超过老师

吴征铠长期从事大学化学教育，他十分注重培养学生独立获取知识的能力。他认为学生在大学里学习不过四五年，而在今后工作中学习将是四五十年。前者是为后者做准备的，教师的责任不仅要传授知识，而且要培养学生的自学能力和学会获取知识的方法。他在讲授物理化学课程中身体力行，在启发性讲解物理化学基本原理的同时，着重讲授认识自然规律的过程。在阐述各种基本定律时，强调概念来源于实验，因而要重视过程的物理图像，而不过分应用数学推导。他多次谈起自己一生中虽改行多次，但都能很快适应工作的需要，其最重要的原因是在学生时代就养成了自学和爱动脑筋的习惯。早在英国留学时，研究分子光谱所需的量子力学和光谱学几乎都是自己学懂的。在第二机械工业部工作也是靠不断自学，才能从知之甚少逐渐变成知之甚多的专家。依靠广博的知识和善于动脑筋，就能帮助解决很多核科学技术中的难题。因此，他再三告诫同仁，“只想把学生培养成和自己一样的人，必然不能培养出青出于蓝而胜于蓝的学生”。

吴征铠教育思想的另一特点是十分重视对学生的实验训练。他认为化学是一门实验科学，学生的实验技能和良好的作风必须在严格的实验训练中获得。物理化学是集中讲授化学原理的课程，但同样是一门实验科学。抗日战争时期，浙江大学迁校贵州遵义，当时物质条件十分困难，吴征铠曾亲自动手制作一些实验教具供学生实验用。20世纪50年代他在复旦大学任教时期，曾花费很多精力建造了一座化学楼和一座放射化学实验大楼，并且将有限的经费主要用于购置教学实验所需的仪器，选留更多的青年助教加强实验教学。1955年全国化学专业教学计划试行四年级学生进行毕业论文，他曾克服很多困难，率先在复旦大学化学系全部进行实验性的毕业论文，以培养学生的实验动手能力与科学研究能力。

吴征铠一生最大兴趣在于教育。他从 40 年代开始从事大学教育，学生遍及海内外。他十分注重培养学生独立获取知识的能力，他说，“其实有成就的人都要通过自学，否则就不可能有创新。”他曾作诗云:“半生树桃李，离离子满枝，秋来堪采摘，佳果荐明时”。

2007 年 6 月 27 日 3 时 30 分，吴征铠在北京逝世，这位将毕生的精力、智慧献给科学和教育事业的老人，在走后将自己最后一点点微光贡献给了医学事业——将遗体捐献给中国协和医科大学。吴征铠在自传《我的一生》一书中，以一首《水调歌头》对自己的一生进行了总结。“过芳菲时节，树梢梅子黄。时晴时雨时热，早晚彻骨凉。老病最难将息，况是卧床乍起，学步在厅房。人生驹过隙，有时日偏长。九十年、功与过、俱寻常。无悔无怨，不容得失乱衷肠。但得平安稳度，亲见北京奥运，不作金牌狂。百龄人日众，愿随长者行。”

“浓缩”人生

中国科学院院士刘广均

从北京的清华大学，到兰州的五〇四厂，再到天津的核工业理化工程研究院，从读书、任教，到生产、研究，在铀同位素分离研究中做出突出贡献的中国科学院院士刘广均就是这样一位走过产、学、研三条道路的科学家。

坚定信念学物理，清华熏陶 15 载

刘广均出生于天津，10 岁时父亲病故，靠母亲做小学教员维持生活。家境困难，能有学习机会十分不易。这些都促使刘广均努力学习，高中时，他的学习成绩在班上名列前茅。1945 年，广岛原子弹事件让刘广均看到了科学技术的巨大威力，使他对物理学产生了浓厚的兴趣。出于对原子能的强烈兴趣，他放弃了更好就业的工科专业，毅然报考了清华大学物理专业。

1952 年 8 月，刘广均从物理系毕业后，留在清华大学物理教研组任助教。1956 年初，为培养原子能方面的学生，学校从物理教研组抽调了几名教师成立了工程物理系，他作为其中的一分子，负责教授原子核物理课程。1956 年 9 月，二机部选派了几十名大学毕业生到苏联学习原子能专业，刘广均作为清华大学教师一同前去，在那里他首次深入接触到铀同位素分离专业。

1958 年 5 月，刘广均由苏联特别班毕业，回到清华大学工程物理系，同年任同位素分离教研室主任，和余兴坤、梁猷能等共同筹建了我国大学中唯一的一个铀同位素分离专业。刘广均和教研室的同志们一起夜以继日地工作，在短短的几年内，为国家输送了几批毕业生，这些毕业生后来几乎都成为中国同位素分离事业的技术骨干。

从课堂到工厂，化知识为生产

1960 年夏天，苏联中断了对中国核工业的援助，中国依靠自己的力量发展铀同位素分离事业。党中央决定从全国各条战线抽调力量加强核工业建设。在清华大学读书任教十几年的刘广均，凭借扎实的理论基础和卓越

的科研能力，成为深入一线参与核工业建设的合适人选。

1963年，34岁的刘广均被调到二机部在兰州的国营五〇四厂，参与浓缩铀的生产工作。那时正值工厂开始成批机组启动，建设进入了决战阶段。刘广均到厂后，一方面学习工厂设计和工艺流程，一方面投身于获取合格产品的研究工作。刘广均负责的是级联的理论计算工作和级联运行状态的物理分析工作，为了取得合格产品，他和大家一起，认真仔细地分析数据、研究方案、采取措施，经历了一段不分昼夜、埋头苦干，虽艰辛却又激动人心的岁月。

纸上得来终觉浅，绝知此事要躬行。在五〇四厂工作的刘广均将科研创新与生产实践紧密结合，用实践检验每一次方案改进。经过大量的理论分析和工艺实验，他采取了多项技术革新措施，提高了机器的分离能力，改进了级联结构，大大提升了级联效率。这些措施的应用，使工厂的生产能力和经济效益得到大幅提升。

作为总工程师，刘广均注重团队建设，擅于依靠群众的力量，解决科研难题。“工厂中那么多的技术问题，没有哪一个总工程师能够靠自己一个人解决。我的首要作用就是把群众的积极性调动起来、组织起来，使大家畅所欲言，出主意、想办法，作出正确的决策。”

从34岁到53岁，19年艰苦奋斗的经历让刘广均在大西北这片广阔的热土上锤炼出坚韧的品格。对他而言，西北生活虽条件艰苦，但在人生最重要的时段，能到铀同位素分离一线去做一项对国家意义重大的工作，这注定是一生难忘的。

严细融入一切，于细微之处见精神

1982年，刘广均到核工业理化工程研究院任总工程师。在学校的工作经验和在工厂工作的锻炼，对他在研究院的工作有很大帮助，他将严谨、细实的工作作风融入科研工作当中，感染着身边的每一位同事。

1985 年，核理化院团委组织青年论文竞赛活动，时任总工程师的刘广均作为评委会主任对活动进行了点评。在当时的条件下，处理实验数据都是在坐标纸上描点，然后连线。为了省事，大家经常用直尺把点连起来。刘广均在指导大家时说：“在论文里，图是最直观的表现形式，但是图形应该用云板连成曲线才能反映本来的物理现象，这一点希望你们要注意，要认真对待，不能马虎。”

对试验数据的处理，刘广均结合多年的实际经验指导学生：“试验测量都有误差，对试验数据一定要有误差分析，没有误差分析的试验数据是不可信的。理论计算都有假设，试验数据都有试验条件，一定要说明结论的适用范围，在这个范围之外就有可能是错误的。同时，在引用他人的结论时一定也要注意这个问题，不能不加限制条件地使用。”这些谆谆教诲一直印刻在学生的脑海中，对他们完成各项工作影响深远。

刘广均院士严谨治学，以国家任务为己任，用真心、真情投入核工业事业中，为我国第一代铀浓缩技术的发展及分离理论研究做出了突出贡献。作为受人敬重的师长，他凭借扎实的专业知识和强烈的事业心，培养出一代代杰出科研人才。

一生只为核

中国工程院院士钱皋韵

中国核工业的发展历程中，“以身许国，隐姓埋名”者不计其数，他们用忠诚、奉献、责任，肩负起国之重任，不负使命担当。我国铀同位素分离专家、分离膜研制的创始人、第二代同位素分离技术研究的奠基者——钱皋韵，就是其中之一。

寒门学子怀壮志

钱皋韵出生在上海的一个普通家庭。童年时期，父亲失业，由于生活困难，他常年寄居在舅舅家，家中靠变卖家产供他读完小学，中学的学费主要通过申请助学金勉强维持。

但生活的困苦并没有阻挡钱皋韵求学的脚步，幼时艰辛的生活经历磨炼了他顽强的意志品质，经过不懈努力，钱皋韵以优异的成绩考入上海交通大学物理系。大学期间，他发奋图强，获得了学校半公费名额和“青树奖学金”，并通过当家庭教师和夜校老师获得的酬劳完成大学学业，余下的钱还能补贴家用。大学时光匆匆而过，1950 年 7 月，钱皋韵大学毕业，留校任助教。

与核工业结缘

1955 年正值中苏关系“蜜月期”，苏联答应帮助中国发展核工业，为中国建造一个重水实验反应堆和一个回旋加速器。应该说，有了这“一堆一器”，中国的核物理研究才有了基础。同时，苏联还同意为中国操作和使用这“一堆一器”培训人才。

钱皋韵是新中国成立后最早被派往莫斯科大学攻读物理专业的研究生之一。1955 年，钱皋韵准备毕业论文时，突然接到通知，需要他连夜办手续转往由钱三强率领来苏的一个实习团，学习反应堆和加速器的理论及运行，并在该所的反应堆和加速器上做核物理实验的准备。

由于紧急调入实习团，钱皋韵无法完成毕业论文，这也意味着他无法按时毕业。虽有些不舍和遗憾，但能够成为中国第一批见过原子核反应堆并亲自在上面做实验的人，他无比自豪和骄傲。从那时起，钱皋韵与核工业结下了不解之缘。

一再转变研究方向，皆因国家需要

1956年，在钱三强的安排下，钱皋韵提前结束实习，正式在核工业系统工作，回国后的首要任务是在北京郊区建设原子能研究基地。基地建成后，钱皋韵被分配到何泽慧领导的第二研究室，参与苏联援建的重水实验堆建成开堆的相关技术工作。

做完反应堆开堆的一系列实验后，钱皋韵本可以继续留在中子物理研究室工作，但一个偶然的机遇改变了他的研究方向。

1958年，苏联在上海举办和平利用原子能科学技术展览会，苏联原子能研究所派人来展示了苏联正在研究的一种热核反应（即聚变反应）装置。钱三强应展览会主办单位要求，派钱皋韵和四〇一所反应堆工程研究室的周永茂两人去当翻译。展览结束回到北京后，他们向钱三强做了汇报。钱三强一直有理论先行的理念，认为开发热核反应具有广泛前景，四〇一所也应开展核聚变研究，所以决定马上抽调人力，在所里筹建可控热核反应研究室，指定钱皋韵为主要筹备人之一。至此，钱皋韵再次转变研究方向，进行核聚变研究。

20世纪60年代初，中苏两国关系破裂。二机部的苏联专家马上就要全部撤走了，并扬言，在他们撤走之后，中国的扩散工厂将成为一堆废铜烂铁，更不用说制造原子弹了。分离膜是扩散机的核心元件，分离膜制造工艺苏联始终向我国保密。因此，我国决定自主研制分离膜。此时的钱皋韵在可控热核聚变研究中取得初步成绩，有望取得更大成就。但是面对国家的需要，他再一次改变自己的研究方向，义无反顾地挑起了这副重担。

钱皋韵被调到六一五研究室，负责分离膜的研制。在六一五研究室内部组成了一个由钱皋韵牵头的分离膜研究组，与中国科学院冶金所和冶金工业部钢铁研究院共同协作，抓紧分析样品，确定了成分和结构，初步确定了制备工艺，并提出研制计划。后来在钱三强和国防工业办公室的领导下，组织了分离膜研制的全国协作，正式研制甲和乙两种分离膜。在分离膜的研制过程中，钱皋韵研究建立了气体通过多孔介质分离的一个简单但能给出清晰物理图像的模型，研究解决了分离膜研制过程中必不可少的测试方法，并建立了相应的实验装置。在大量工艺试验及实验基础上，形成了适合大规模生产的粉末冶金轧制成型工艺和高效分离膜的技术路线。由于领导得力，加上大家的互助协作，仅用四年时间团队就研制成功甲、乙两种分离膜。这项技术的突破，为我国自主建设高效的气体扩散厂打下了基础。

钱皋韵在专注国内相关技术研究的同时，也时刻关注着国外同位素分离技术的研究动向。20 世纪 70 年代，根据国外同位素分离技术发展动向，结合国内的研究现状，钱皋韵等积极提出将我国同位素分离技术转向耗电量小、规模灵活的第二代同位素分离技术研究的建议，并获得采纳。但由于技术的转变，他承受了各方的质疑和阻挠。面对重重困难，作为国家重点攻关项目专家组负责人，他组织研究所、高等院校和工厂进行技术协作和联合攻关，圆满地完成攻关项目，并通过专家验收。

1987 年，钱皋韵卸任核理化院院长职务，调到中国核工业总公司科技委工作。在科技委工作期间，他于 1996 年撰写了《核电：中国补充能源的现实选择》一文，宣传我国发展核电的重要性与迫切性；1998 年，他担任组长，与其他几名院士及 20 多位核能专家一起，承担了中国工程咨询项目——“我国中长期核电发展研究”的课题；历时两年多，完成了研究报告《我国核电发展的策略研究》。该报告就我国为什么要发展核电、天然铀资源对核电发展的保证度、核电发展的技术路线，以及核电的国产化、核电的安全性与经济性等进行了全面而系统的阐述，并提出颇有见地的五条建议。这对我国当时适度发展核电的政策产生了积极影响。

为了国家，无私奉献，不计个人得失……钱皋韵这些崇高品德值得一代代核工业人传承和弘扬！

我国流体密封工程领域技术带头人和产业开拓者

中国工程院院士王玉明

王玉明院士 50 多年来始终坚持在第一线，从事重大装备高参数关键基础零部件的研究开发，特别是危险性介质透平机械非接触式密封装置及测控系统的研发，取得了多项具有自主知识产权的成果并实现了产业化。尤其在石油、石化行业的大型、高速透平压缩机的轴密封方面取得了重要突破，打破了外国高技术附加值产品在中国的垄断，为国家节约了大量外汇，创造了十分显著的经济和社会效益。虽从事工程技术研究，但醉心中国传统文化，爱好诗词、摄影、书法。经过半个多世纪的不懈登攀，科学和艺术在他身上有机地融为一体，可以说他是名副其实的德才兼备、文武双全、全面发展的“大先生”。

“我几乎所有体制都待过”

王玉明1941年出生在吉林省梨树县，1959年考入清华大学动力机械系燃气轮机专业。1965年从清华毕业后，被分配至一机部北京压缩机械研究所任技术员。1968年，王玉明所在的一机部压缩机械研究所与二机部所属的华北六〇五所（核理化院前身）合并，他也随之来到天津。在这里，王玉明开始从事压缩机的试验研究。1970年初，他被调到动密封攻关组，后来成为研究组的组长，带领螺旋密封和磁流体密封两个课题小组，开展特种压缩机关键部件动密封装置的技术攻关。他领导的团队取得了3项省部级科技奖（他自己作为第一完成人获得2项）。

后来，动密封在该研究所不再是主流研究方向。正好当时的国营单位天津市机械密封件厂承担了一项国家的重大研发计划——高参数密封试验台，投入资金高达30万元，这在当时已是非常大的项目。由于厂里缺乏技术骨干，王玉明先是借调，后来正式调到该厂做课题组长、担任副总工程师，从此离开了国家重点军工研究所来到国有企业工作。1982年4月到1988年9月，在既有技术理论支撑、又有企业实际应用的优势条件下，王玉明带领团队做出来了全世界第二大的创新性大型高速密封试验台，该试验台功率160千瓦，15 000转/分，而且是完全自主研发的独特结构：双臂旋一四支点，可以把轴向力自动平衡，并且拆装极为方便。该试验台对研发石油石化行业领域的大型高速透平压缩机的非接触式机械密封发挥了重要的作用，项目获得了机械工业部和天津市的科技进步二等奖。

王玉明随后又研制了油膜螺旋槽端面密封，这是一种流体动压非接触式、高速、零泄漏的机械密封。在此之前，高速大型透平压缩机用机械密封一直被国外垄断，但却是接触式的、有磨损的，泄漏率每小时 300 毫升左右；而王玉明发明研制的密封，各项性能都优于国外进口的产品，不仅是非接触式的、无磨损的，寿命更长，而且每小时泄漏率不到 1 毫升（几乎为零），比国外的指标下降了 300 倍！这个项目得到了天津市和机械工业部的二等奖，1996 年，该项目又与此前研制成功的高参数密封试验台合在一起获得国家技术发明四等奖（奖励等级低的原因在于报奖过早，第一台工业样机的试验鉴定后，还没等推广应用就报奖了。）。

1998 年，天津机械密封件厂进行了中外（英国）合资改制，更名为天津克兰密封有限公司，王玉明继续担任副总工程师和研究开发经理。到 1995 年，克兰又转成了外商独资企业。

“你看，我这从军工研究所到了国企，先变成中外合资企业，后来又变成了纯外企，接下来我又去国有控股的民营企业，现在又回到了高校，你说我是不是几乎所有的体制都待过了？”王玉明说到。正是因为他丰富的经历，能够将理论研究、试验研究与工程应用紧密结合，对于技术与产业的结合有更多的感悟。

“让我不做创新研究，我不服”

天津克兰一直从国外本部进口到中国一种“干气密封”，即气膜润滑的机械密封，其技术附加值极高。一台单缸的离心压缩机所用的全套密封装置高达数百万元，大约占整台压缩机成本的 20%以上。而王玉明研究的油膜螺旋槽端面密封也是用在该领域的，它的推广应用就影响到了外商的垄断利益。

王玉明那时候已经是企业的总工程师了，外方总经理给了王玉明两个选择：第一，继续做总工程师，但是不能再搞石化行业的高速密封研发，只能管管一般性的技术工作；第二，如果想继续搞研发就得辞职。

“我不服。”王玉明扔下这句话，就毅然辞职离开了。

1996年，在天津市新技术产业园区的支持下，王玉明领衔创办了天津新技术产业园区鼎名密封有限公司，担任总经理兼总工程师。公司注册资金50万元，技术股占30%，主要由高新区的技术开发总公司来投资。这是一个国有控股的民营高科技企业。王玉明很快开发了干气密封技术，同时取得了中国和美国两项发明专利。

王玉明研发的新产品，在实验室的试验很成功，但市场推广应用的难度极大。究其原因：用户不肯冒很大的风险。

王玉明便经常到用户企业里面去做技术讲座，通过这种方式，让大家相信、敢用国产的产品。机会很快等到了：一个石化企业在一台压缩机上用的是从德国某名牌密封公司进口的干气密封，但使用情况不太好，频繁损坏，寿命周期太短。在听了王玉明的讲座之后，比较相信其技术，抱着“死马当作活马医”的心理，这家企业大胆地让他试一下。结果一炮打响，密封性能明显优于进口产品，消除了非计划停机检修，在用户中取得了高度信誉；在经过一个大修期运行之后，企业请专家进行技术鉴定，给予了高度评价。从此，石化行业的直接用户由一个到两个，两个到十个，逐渐推广开来。

成功的案例逐渐增多，最后被普遍认可，不仅直接用户用来替代进口产品，而且设计院、主机厂也接受了，用到了新生产的主机上面；市场占有率逐渐超过了进口产品，应用业绩达500台套，不仅完全打破了国外的技术垄断，而且迫使进口的高技术附加值产品大幅度降价，经济和社会效益十分显著。为此，王玉明作为第一发明人和第一完成人获得了省级的一等奖和国家的科技进步二等奖。后来，他发明的另一项技术又获得了国家技术发明二等奖。

2003 年，王玉明当选为中国工程院的院士，2004 年还获得了“全国机械工业优秀企业家荣誉称号”。2015 年获“中国机械工程学会科技成就奖”。

王玉明说：“1996 年到 2003 年，是在企业的‘八年抗战’。可以说，我是一个比较成功的‘双创’人员。从一个小型国有控股的民营高科技企业的创业者和技术带头人，最后成为了院士，这几乎是空前的。”

回到清华，二次“创业”

这个创新型企业虽然相当成功，但是整个企业兴衰几乎寄于一身，风险太高，对员工没有保障。考虑到王玉明年事渐高，公司董事会最终研究决定，把企业卖给了原来曾经逼他辞职的世界最大的密封公司——约翰克兰公司。此后两年，他还挂名担任过天津新技术产业园区的总工程师，并被北京化工大学聘为双聘院士。

他本想全职去北化，但天津当时的主要领导不放他走。后来有清华大学的校友找到他，问他愿不愿意回清华，王玉明表示当然愿意。此时天津领导班子换届了，对于他的调动新的主要领导点头同意了。2007 年 9 月，王玉明正式调到了清华大学，担任机械工程系（当时是精密仪器与机械学系）教授。

王玉明来清华以前共获国家级和省部级科技奖 11 次，包括国家科技进步二等奖一项，国家技术发明二等和四等奖各一项，均为第一发明人和第一完成人。获授权中国发明专利 8 项，美国发明专利 2 项，均为第一发明人。

王玉明回到清华大学机械系设计工程研究所以后，发现所里过去以教学为主，科研相对薄弱一些，他便与所领导一起带头加强科研工作。现在所里有三大研究方向：康复工程、机械系统动力学和王玉明牵头的密封与润滑工程。该课题组的老师除了继续做好教学工作之外，在密封工程与润滑平台上的科研工作也逐步开展起来，几乎涵盖了所有主要的静密封和动密封领域，包括机械密封、橡塑密封、两机（航空发动机和燃气喷机）的特种密封（篦齿密封、蜂窝密封、刷式密封、指尖密封、碳环密封等）、磁性液体密封等。覆盖面这样广的密封领域研究平台，在国内外都是少见的。此外，课题组还开展了水润滑流体动压轴承和磁悬浮轴承的研究。

在工程应用方面，课题组以前做的不太多，王玉明便带领大家与企业合作。因为平台已经建好，在人才、技术、实验室等方面有了扎实的基础，与企业的合作进展比较顺利。例如，与宁波伏尔肯陶瓷科技公司的合作，最近获得了机械工业科技进步一等奖。此外，与密封界的两个主要研究院所（合肥通用机械研究院有限公司、广州机械科学研究院有限公司）和密封界的知名企业（宁波天生密封公司、安徽中鼎密封公司、四川日机密封公司等）也有紧密的合作。王玉明认为，只有产学研紧密合作，协同创新，才能把研发的技术应用到实际的生产第一线，去解决在关键基础件方面“卡脖子”的难题，满足国家重大需求。

他带领的团队先后获得了机械工业科技进步一等奖和教育部技术发明奖一等奖，后面一项还被推荐申报国家技术发明奖。他在国内外发表论文 100 余篇，获中国发明专利 54 项，培养博士生、硕士生 30 余人。他热情培养和提携年轻人的口碑在业界也是公认的。

科学与艺术在山顶上汇合

在科学领域之外，他涉猎甚广，在文学、书法、摄影等领域亦造诣深厚。

近六十年来，王玉明笔耕不辍，写了近两千首诗词，出版了四本诗集。他的诗词题材广泛，形式多样，感情充沛，风格独特，得到诸多诗词大家的好评。他的诗词古韵与新韵两栖，先前以新声韵为主，后期以古声韵为主。古风、绝句、律诗、排律均有，词中不仅有小令、中调、长调，还有自度曲。2010年的一次偶然机会，王院士认识了叶嘉莹先生并拜她为师。从此诗词水平有了质的飞跃，人文题材大大增加，声律越来越娴熟，风格韵味除了“清新、清秀、清幽”之外，更增加了沉郁顿挫，特别是用或依先贤名作之韵而写的长调词。范诗银点评说：“王玉明院士的诗词，是正雅之声，开怀豁目，聚人文情怀与科学追求于一诗一词一曲，给人以感发的力量与韵美的享受。”叶先生还给他起了一个雅号“韫辉”——出自陆机的《文赋》：“石韫玉而山辉，水怀珠而川媚。”恰好与他的名字“玉明”相匹配。

除了中华传统诗词曲之外，他还写了一些新体诗和歌词，其特点是兼有古体诗的修辞韵律之美和新体诗的自由洒脱，大多属于闻一多先生所提倡的“新格律诗”。

读王玉明的诗，能把人引入一个五彩缤纷的世界。究其内里，不能不说是他感情丰富，兴趣广泛，对生活的发现与感悟尤多。

值得一提的是，除了诗人身份之外，王玉明还是摄影家、书法家。

中国工程院院士书画社副社长何继善院士说：“玉明院士是中国工程院院士书画社的一位杰出会员。他的隶书工整而灵动，摄影作品精美而又常常是气势磅礴。”然而，王玉明却自述他的隶书是最近十来年才练习的，且因事务繁多，很少有时间系统练习，因此书法还很稚嫩，还不成熟，不敢称为“家”，只是爱好者而已。

叶嘉莹先生说：“诗人者不失其赤子之心者也。”叶先生对王玉明的评价是：“我觉得你作为一个诗人，真是不失赤子之心。这个是绝对的真实。你这个人就是非常的纯真。”“你的成就，主要由于你禀赋有一种纯真的赤子之心。”

在王玉明看来，做科研与写诗、摄影、书法并不冲突，都是追求美。科学与人文在价值观上都追求真善美，为人类的进步和幸福服务。从这个角度来看，科学与艺术终将在山顶汇合。

谦逊严谨的学者

中国工程院院士陈念念

他是一位谦逊而严谨的学者，在他身上，展现出了作为科学家与管理者的双重才华。他就是主持研制成功了我国具有自主知识产权的先进专用装备的中国工程院院士陈念念。

清华园，成长的摇篮

陈念念原籍浙江省吴兴县，1941 年 10 月出生于上海市的一个革命家庭，父母均是地下工作者。他的童年时代尽管时局动荡，但生活还算稳定，日子过得虽然拮据，但还不算贫困。他幼年时体弱，5 岁那年得了一场大病，由于当时还没有特效药，只有靠一般治疗和休养来康复。这两年，他虽然失去了许多童年的欢乐，但却提前阅读到不少一般只有在上学以后才能读到的书籍。对他后来的人生有很大的影响，使他对科学、文学、艺术、历史等都产生了兴趣，成为一个爱好广泛的人。疾病痊愈时，他不到 7 岁，本应按部就班地上小学一年级，但当时他的父母觉得一、二年级的知识对他来讲已经太浅了，于是替他报考了插班生，结果插班考试一次通过，直接上了三年级。不满 11 岁的他就进入了中学时代，初中阶段，由于年龄小，贪玩，父母又因工作太忙而无暇顾及他，导致学习成绩平平，直到初中即将毕业，他才仿佛顿悟，短短几个星期的“钻锅”（京剧术语，意思相当于临时抱佛脚），毕业考试居然在班上排到了前几名。高中是他在学习上最游刃有余的阶段，三年六个学期，几乎年年第一。1958 年，它以高分考上清华大学工程物理系，实现了父母和他的共同愿望。

随着从上海开出的行程三天三夜的“清华新生专列”到达北京，他来到了这所全国的“最高学府”，他所就读的工程物理系，当时还带有几分神秘的色彩，各个专业都用代号。当时工程物理系刚成立三年，缺少专业教师，大部分教师都是从其他系转来的，“220”专业尤甚。因此，绝大部分老师不仅要授课，自己还要抓紧学习，师长们都非常努力，教学水平很高。“220”专业两门最重要的专业基础课由教研室主任刘广均和系党总支书记余兴坤亲自讲授。刘广均讲课特别注重物理概念，凡是物理概念没有弄清的同学，就算会做作业，会回答问题，也不算过关。余兴坤是“双肩挑”，工作很忙，除讲课以外还经常利用休息日给同学作辅导、解答问题。回想起来，“我在几十年科研工作中取得的多项成果，都与这两门专业基础课所讲述的理论、技术有关。”1964 年，陈念念从清华大学毕业，分配到二机部华北六〇五所（核理化院前身）工作，从此和核工业结缘。

从值班运行员做起

1964 年，陈念念被分配到核工业理化工程研究院工作，从事第一代工业化特种工艺方法的研究。他和大家一起，工作劲头很足，提前上班、延迟下班，晚上还要去办公室或实验室看文献，整理学习资料，一天工作十二三个小时是常事，星期天也很少休息。陈念念从值班运行人员干起，在科研一线整整干了 20 多年。

在担任值班员期间，他动手能力强、接受事物快的特点得到了充分展现。他的工作岗位在综合试验大厅，试验室内包括主工艺、电气、仪表、水、气、汽、风等多个系统。他的本职工作是负责主工艺系统的正常运行，但在短短几个月里，他不但熟练掌握了主工艺系统的原理、流程和操作方法，还全面了解了其他各系统的主要特点和基本操作。他曾经爬到 7 米多高的天车上去排除故障，曾经自己动手拆装系统中的机器设备。几年实践经验的积累，为他以后的工作打下了良好基础。

实践积累丰富经验

20 世纪 70 年代中期，陈念念参与了某种国产核心元件的参数测试工作。这种元件用量很大，而且对其参数、性能要求极高，因此，在试制成功后，必须经过严格的测试、鉴定，才能投入批量生产。

当时的测试手段虽然很多，但没有一项结果能全面反映元件在实际工作时的状况。要达到目的，只能把相当批量的元件送到工厂去实地测试，但这样做，投入的费用高、周期长，有可能影响生产。于是，陈念念根据自己多年的工作经验，提出了模拟测试装置的设想。他首先从理论上论证了该装置模拟工厂实际运行环境的可能性，并充分利用标准设备，以很少的费用设计建成了这个装置。经过调试和测量比对，证明这个装置测出的结果和工厂的测试结果一致。由于该装置测试所需样品数远远低于工厂测试所需数量，因而每次试制出更新换代元件时，测试鉴定费用都能节省几十万元到上百万元。这个项目后来获得了国防科工委科技成果二等奖。

注重深入科研一线

20世纪80年代，陈念念开始从事一种当时国际上最先进的特种专用工艺方法的研究和配套专用装备的研制，并于1984年担任研究室主任。在这段时间里，他主持建成了用于这种工艺研究的国家重点实验室，并主持了多次大型工艺试验，为相关工厂的建成投产提供了重要依据。由于成绩显著和工作需要，他走上了基层科研领导岗位，一步一个脚印，精心做好科研组织管理工作。

虽然陈念念从科研一线转到了科研管理岗位，但他工作有一个特点，即不管在哪个位置，都注重深入科研第一线，直接参与有关科研工作，掌握第一手资料。因此，他经常能在工程科研的关键阶段作出正确决策或提出思路。

20世纪90年代，由于核工业发展的需要，国家急需研制一种先进的专用装备。由于他的能力和在研制技术路线确定上所起的关键作用，主持研制的任务自然交给了他。

这种专用装备要求具有国际先进水平，它的设计制造涉及高强度耐腐蚀金属和非金属材料的研制等难度很大的技术开发研究。作为技术总负责人，陈念念根据研制目标主持制订了周密的研制计划，提出关键技术提前安排研究；尽量吸取国内外成熟的技术；将工程化、工业化应用作为最终目标贯穿研制过程始终。他还参与和指导解决了一些关键技术问题，使研制进程进一步加快。经过多年的努力，该设备终于研制成功并大批量投产，达到国际先进水平。

陈念念长期从事核工业相关专用工艺和配套专用装备的试验研究，几十年来行事低调、默默无闻、无怨无悔。面对荣誉，他从心底由衷感激：国家给我的荣誉太多了！其实我没有多大的本事，只不过一是碰上了其他人没有碰上的机遇，二是大家鼎力支持，如此而已。

2021 年 12 月 21 日，陈念念院士溘然长逝，享年 81 岁。

“一生为核、奉献报国！”

——他兑现了对祖国、对核事业的诺言，以毕生心血铸就了“国之重器”。

与“核”结缘 为“核”增光

中核集团战咨委委员、科技委高级顾问、核理化院科技委主任雷增光

雷增光，28年来始终坚守在核燃料领域，在铀的提取和浓缩分离等技术上攻关克难，为我国铀浓缩专用装备工业化应用奠定了重要技术基础；

他，一步一个脚印，多项成果属国内同行首创，从生产一线脱颖而出；

他，就是2012年国防科技工业杰出人才奖获得者，中国核工业集团公司总工程师雷增光博士。

偏远工厂一干 16 年

1978 年，雷增光以陕西全省唯一物理满分的优异成绩考入清华大学工程物理系，从此与“核”结缘。科班学习 8 年，硕士毕业分配到地处偏僻的中核四〇五厂，该厂远离大城市，交通不便，当初到这里工作的名牌大学毕业生非常少，有些人即使去了，也不安心工作。

四〇五厂是核工业重点建设单位。1986 年，工厂发展急需各类学有所长的知识分子和工程技术人员，雷增光是该厂第一个，也是唯一一个既出自名牌大学又是硕士毕业的高才生。他的到来当时在厂里引起了不小的轰动，很多人估计他是“飞鸽牌”的，肯定长不了。然而，雷增光把事业作为第一追求，一头扎进了车间，并一干就是 16 年。

清华的校园生活给雷增光留下许多难忘印象，他说：“清华的一位前辈曾经对我说，如果你只考虑生活条件好，放弃了自己所学的专业，将来有一天，一旦钱对你来说不再是个问题的时候，你一定会后悔的。这句话对我有很深的影响。”前辈的激励，坚定了他从事核事业的决心。2005 年，雷增光在母校研究生毕业典礼上说，“今天，我站在母校的讲台上，想告诉同学们：一个人想成就一番事业，必须到国家最需要的地方去。越是祖国需要而又人才稀缺的地方，越是年轻人能干成事业的好地方。”

重大技改屡建功

四〇五厂曾进行过两次重大技改工程，雷增光都全身心地参与其中，全面了解了各个重要环节，主持解决了许多技术难题。他先后四次赴国外接受技术培训，翻译了大量的工程技术资料，为工程技术人员掌握项目的关键提供了服务；1994 年，作为分管生产和技术副厂长，兼任技改二次工程建设副指挥长、施工现场中方技术总负责人，他组织和主持解决了多项关键工程技术问题，提出的先进实用的化工处理工艺思想，成功地取代了国外专家建议的方法，为我方节约了近 400 万元的工程投资，大大降低了系统运行成本；他组织并直接参与完成了系统启动方案计算的技术攻关课题，建立了计算方法，修改了国外提供的启动方案，使系统技术有了“中国制造”的标签；他还提出新的化工工艺思路，并制定了具体的方案，改进系统的运行结果表明，我国在该项技术上已达到了国际先进水平。

第二次技改工程使主要经济技术指标达到国际先进水平，为企业带来了数千万元的经济效益。

2002 年，雷增光从四〇五厂总工程师岗位，调到天津核工业理化工程研究院担任院长。

为加速专用装备实现工业化的进程,他注重学习与之相关的理论知识,不断拓展自己的知识领域，并虚心向老同志、老专家学习，注意发挥其他科技人员的智慧和才干，保证了研究项目的顺利进行。

在民品领域，雷增光重点抓了单氟磷酸钠生产线技术改造工程，使单氟产量由原来的每年 1 000 吨提高到 2 000 吨，产能翻了一番，令单氟产品保持着 80%的国内市场占有率，并继续增加出口量。他还抓了电子气三氟化氮中试项目，打通了生产工艺路线，产品达到质量要求。经过他和核理化院民品战线同志的努力，第二年民品销售收入比上年同期增长 11%。

不变的是责任与追求

雷增光是从基层工艺技术员一步步成长起来的，2010 年 5 月调到中国核工业集团公司走上总工程师岗位。

他负责的工作除了铀的提取和浓缩，还有如何提高铀资源利用率、发展快堆技术、乏燃料后处理等与核燃料、核应用有关的技术研究和规划研究。核安全是企业首要的社会责任，也是核事业的生命线。雷增光在工作中一丝不苟、精益求精，对每个环节都严格把关，确保做到万无一失。

同时，他利用一切可能宣传和普及核知识，帮助民众科学认识核能，核辐射是可控的。

他告诉民众，人都有畏惧心理，如果核事业或涉核企业对人有伤害，我也不会去那里工作。

长年在核电站工作的人员，年辐射量仅为从北京到欧洲乘飞机身体所受的剂量，不必担心。

这不是轻松的说笑，事实也证明，仅秦山核电基地已安全运行 67 堆·年（1 个堆·年为核电站中的 1 个反应堆运行 1 年），没有对周围环境产生辐射，也从来没有发生过任何核级事故。

雷增光说，“核安全”的警示深深地印在了中核人的脑海。从 20 世纪 80 年代建设核电站以来，中核集团始终把安全质量放在第一位，在堆型选择、安全设计、质量管理和人员培训上采取了一系列卓有成效的措施，有效地确保了核电站的安全、稳定运行。

中核集团始终跟踪世界核电技术发展最新趋势，瞄准更高的标准，发展应用更安全、更先进的技术，启动了模块式小型堆（ACP100）开发和应用研发。小型堆建设不仅解决供热问题，还能有效减排二氧化硫等气体，以及海岛和偏远山区的照明通讯用电，应用前景广阔。“小型堆能够实现安全性和规模经济性的统一，也为核能满足供热、海水淡化、发电等多用途需求创造了条件。”雷增光说。

在雷增光心中，变的是技术，不变的是责任与追求。

书里走出来的科学家

中核集团首席科学家张志忠

“嘟嘟……”随着一声声手机震动，核工业理化工程研究院重点工程项目总设计师张志忠的手机收到飞机起飞时间提示。此时的他刚刚结束一项目评审，正赶往机场。

自核理化院重点工程立项，张志忠成为该项目总设计师后，原本就忙碌的他更是成了一个“飞人”，常年奔走于天津与项目现场之间。年过六旬的他，始终身体力行，冲锋在最一线，带领团队攻坚克难，高效推进工程项目。

“之前看书里、电影里关于老一辈科学家严谨求实、忘我奉献的故事，总觉得是有文学拔高的成分，但当和张总共事后，他的严谨细致，对每一个细节都不放过的科研态度；他身体力行、以身作则的责任担当和拼搏精神，都深深感染着我。他有着书里、电影里所展现的科学家精神，幸运的是，他就在我们身边。”项目副总设计师卢肖勇是这样形容他的。

书里走出来的科学家

自 1982 年从山东大学毕业后，张志忠就进入核工业理化工程研究院工作。一入职，他便被委以重任，参与阴极灯的研制工作。初出茅庐的张志忠很快就展露出卓越的才华，在专家的带领下，他自制相关装置，实现了我国首次原子发射光谱的测定，为相关试验提供了可靠的数据支撑。从崭露头角到独当一面，从在老一辈科研人身边耳濡目染，到带领团队攻坚克难，严谨细实的工作作风时时刻刻在他身上体现。

2019 年冬天，一次实验中，得到的结果始终不理想。而该实验对于推进项目至关重要。得到消息后，张志忠立刻订了机票，奔赴现场。到达现场后，他顾不上休息，就直奔实验室，与现场工作人员反复推敲实验数据，一遍遍推演实验方案，等再次确定实验数据时已是深夜 11 点。

项目现场的冬夜异常寒冷，寒风呼啸。而实验室的灯光并未随着工作人员的离开而熄灭。“等大家都回去休息了，张总还是觉得参数有问题，自己又找来之前的数据再次比较分析，最终确定下实验参数后，才放心回去休息。”而那时已是凌晨两点。

“他对工作质量要求很高，精益求精，为了保障实验进度、项目节点，不放过任何一个环节，哪怕一个数据也要反复验证。”卢肖勇说：“他将老一辈科学家的严谨求实展现得淋漓尽致，是书里走出来的科学家。”

亲力亲为，冲锋最一线

“很多事情不要拖拉到现场了再说，要办就快办，要办就办成！”会议上，张志忠声如洪钟，目光坚定。

项目基础建设开展得如火如荼，现场安装、调试等工作也进入紧张状态，已过花甲之年的张志忠披肩挂帅，冲锋在前，带领团队保质保量完成各项任务。

为了更直接了解项目实验情况，他坚持穿上闷热的防护服，在实验室一待就是几个小时，坚持把整个实验看完，确认每一个实验状态都没有问题。“那个防护口罩特别勒耳朵，实验室通风不好，穿上防护服闷热无比，即使是年轻人也是咬牙坚持，更何况是年龄已至六旬之人。”“其实在实验室外面是有一个监控室的，所有的数据都会传过去，但他每次都会坚持和大家在一起，直到凌晨二三点钟。”

为了加快现场基建进度，结合设计、施工、安装等一系列问题，张志忠定期会到施工现场，攀爬脚手架，爬高趴地反复核实相关数据情况。“他做事严谨，更是有很强的执行力，不拘泥于文件汇报内容，通过身体力行现场勘查，从不同的角度核实情况，从而作出判断，”何美悦说。“有时候为了掌握某项工作细节的推进程度，张总经常半夜打电话问相关情况。”科研人员赵飞补充道。

2021年注定是一个不平凡的年份。年初，全国就出现了疫情蔓延的严重态势。疫情来势汹汹，面对工期“后墙不能倒”的要求，张志忠亲自带队在正月初七奔赴现场，现场督战疫情防控，协调解决后勤保障，逐一过问工程物资运送情况，走访20余家外协单位，确保设备加工制造按计划运抵现场。

短短两个月内，他四处奔波，协调解决了 100 余车、近 3 000 箱工程安装物资，实现了疫情防控、现场保障、物资到货的“三不误、三胜利”，有力保障了现场安装工作按计划顺利进行。

核理化院院长助理柴俊杰表示：“项目工作前期，立项工作与准备工作同步而动，张总非常敬业，很多事情都亲力亲为，和上级部门沟通，积极协调各项事宜，带领大家共同攻关，在不懈的奋斗中，专项工作才有了现在这样的成就。”

密密麻麻写满批注，助力青年成长

这是一张 2022 年新春“全家福”。2022 年春节来临之际，核理化院党委书记鄢斌看望慰问坚守一线的工作人员，与张志忠及科研工作者，拿着喜庆的“福”字，合影欢庆新春。

截至此刻，张志忠带领科研人员在寥无人烟的工程现场连续奋战的几个月，看着喜庆的“福”字，望着窗外正在从图纸变为现实的工程，张志忠笑容满面，所有的辛劳疲惫都瞬间烟消云散……

在工程现场大家常常看到张志忠一脸严肃，对着科研人员着急地拍桌子。但熟悉张志忠的人都知道，他心里一直装着三件事——“科研有没有进展？工程有没有向前推进？人才有没有得到成长？”

“无论工作再忙，张总也从未疏于对青年科研人员的指导，”卢肖勇回忆，“在我临近博士毕业时，正是疫情时期，也是工程项目推进的关键时刻，尽管张总很忙，但他依然指导并帮我修改论文，论文上密密麻麻写满他的批注，哪些地方图画得不好，哪些地方标注有错误，非常的细致。”

而在工作中，团队成员一旦出现小纰漏、细节有瑕疵，他一定会“无情”地指出问题，再提供指导帮助。卢肖勇说：“他对待科研、对待工作认真严谨的态度，深深影响着我们年轻一代科研工作者。”

而在生活中，张志忠对团队人员更是关怀有加。

2021年冬季，工程现场各项工作正处于决战决胜的关键期，但新冠疫情“侵袭”，防控形势严峻。张志忠心中牵挂着工程现场的奋斗者们，带队深入一线班组，了解大家的身体状况，送上慰问物资，并认真查看工作运转情况。

一次，卢肖勇突发疾病做了手术，张志忠得知后，第一时间打电话询问他的身体情况，在去医院看望卢肖勇时更是反复叮嘱他好好休息别担心工作。李云飞说：“张总就是一位为工程、为大家操碎心的大家长，我们非常敬重他！”

传承就在潜移默化中发生，一批批年轻的科研人员在张志忠的指导下快速成长为项目的中坚力量，在工作中锻造严慎细实的工作作风，用实际行动回答着张志忠心中记挂着的那三件事——科研有没有进展？工程有没有向前推进？人才有没有得到成长？

执着铸就希望　实干创造辉煌

中核集团首席科学家王黎明

王黎明，同位素分离专家，出生于河北清苑，1984 年毕业于清华大学工程物理系。曾任核工业理化工程研究院院长、研究员，中国振动工程学会随机振动专业委员会副主任，中国核学会铀同位素分离分会副理事长、理事长，中核集团首席专家、科技委常委、战咨委委员，第十三届全国政协委员，曾获多项国家科学技术奖、部级科技进步奖，国防科技有突出贡献中青年专家、劳动模范，享受国务院特殊津贴。

教育世家，少年追梦

王黎明出身教师世家，家庭文化气息浓郁。年少时生活虽然艰苦，但父母从未放松过对他的要求，尤其是在学习方面更是鼓励他力争上游。正是这样的家庭环境让王黎明从小就与书结缘，在那个资源匮乏的年代，书成为了他了解世界、了解科学的一扇窗，使他养成了勤于学习，善于学习的好习惯，更使他从小就有比同龄人更宽广的视野和更卓越的见识。

王黎明上中学时，首次接触到了物理，他对这门新课程产生了浓厚的兴趣，“牛顿第一定律”“万有引力”“阿基米德原理”等，这些科学知识把他带到了一个全新的领域，他深深被这些原理所吸引，物理课成为他最喜爱的课程，下课他总是缠着老师询问一些课外问题，他对物理的热爱已经远远超过了完成学习任务的程度，那是源于内心深处对于知识、对于真理的渴望。因此，物理学相关的书籍也成为王黎明的最爱。一次，他在家中找到了父亲的一本核物理教材，正要翻看，他父亲看到说：“这书你看不懂，我给你找一本你能看明白的吧。”王黎明问道：“核物理是什么？”父亲笑着说：“你们中学生学的都是物理基础知识，核物理可高深着呢，你要真是感兴趣，等你上大学时就选物理系吧。”正是父亲的这句看似玩笑的话，点燃了少年心中的一个梦。

1979年，刚刚改革开放的中国，正是人才紧缺的时候，虽然科教兴国这个名词还没有出现，但科学和教育已成为了我国中国特色社会主义建设不可或缺的重要组成部分。高考时王黎明如愿以偿地被清华大学工程物理系录取，开始人生梦想的里程，谈及自己的大学岁月，王黎明感受颇多，他说：“清华的两项优良传统对我影响极大”。第一是追求卓越的精神，他记得物理学科的张三慧老师对他们这些英语水平有限的同学进行全英语教学，让他受益良多。张老师说："随便就能摘到的桃子不是好桃子，好摘的桃子早被被人摘走了，所以你必须跳一跳。"这句话让他懂得容易得到的东西未必是好东西，只有努力提高自己才能够获得更好的收获。第二是严谨的精神。王黎明回忆当时他们的老师都是国内顶尖的知识分子，在他们身上学到很多可贵的精神，其中有一件事让他记忆犹新。一次做分离实验，当时王黎明正在和老师讨论，不自觉地靠在实验桌上，于是老师就拽了他一把，当时王黎明并没有在意。过了不久，他又不自觉地靠在实验桌上，老师马上又拽了一下他，说："如果桌子动了，整个光路系统就需要重新调整"。这个小细节让王黎明感触颇深，他说从那以后他就非常在意细节，这虽然会多花费一些时间，却对之后的学习非常有好处。在老师严谨精神的言传身教下，王黎明牢牢记住严谨求实的科学态度，可以说对细节的注重对他事业上的成功起到了非常重要的作用。

执着奉献，拼搏实干

1984 年，王黎明毕业后来到天津核工业理化工程研究院从事自己喜爱的同位素分离专业。初到核理化院，王黎明不但专心科研，而且不忘自觉承担一些办公室的事务工作。工作一天劳心劳力，但王黎明依旧坚持每天晚上读书。他回忆说，初到院里，有幸能聆听王承书院士、刘广均院士等老专家的指导，使他收益颇多。一次，王黎明的实验报告写得比较匆忙，数据点出来之后直接用尺子连了线。报告交上去后，刘院士的第一句话是："实验曲线有没有这么大的折点？"王黎明连忙用曲线板重新拟合了一遍。后来院士审阅报告时，更是会将逗号、分号，"的""地""得"等出现问题的地方修改一遍。治学之严竟到了如此境界，老一辈科学家严谨求实的科学精神和科学作风深深地印在王黎明的心中。

王黎明入院的第一项工作是分离公式的推导与理论计算。核工业方面的计算十分复杂，但是他发挥自身计算机知识的特长，提高了计算程序的运算效率。这个方法后来被移植到大型应用软件并投入使用。当时正值核事业的低谷，国家对核事业不看好，核工作者又不能出去赚钱，许多做与核技术相关工作的技术人员都难以维持生计。在那个核事业人才大量流失的低谷中，有着计算机等其他方面专长的王黎明完全有机会离开，但他觉得自己的事业“有干头”，这是他一直热爱的核物理事业，因此仍然坚持在自己的岗位上。从1979年开始学习同位素分离专业，35年来王黎明始终没有放弃自己的专业，始终没有放弃学习，现任院长的他处理行政事务外，还依然活跃在科研一线，始终奋斗在他所热爱的岗位上，他和他的同事们为国家解决了核燃料发展上的重大难题，使我国核工业人挺直了脊梁。他自豪地对我们说：“这是我第一个工作，也是我一辈子的工作，更是我一生的追求。”

在谈到自己的工作体会时，王黎明始终强调“实干”这两个字，一步一个脚印，踏实工作，绝不好高骛远。他说，要坚持，要耐得住寂寞，安心做事，先把今天做好才能有明天，才能有希望。在工作上，因为王黎明所从事的是世界尖端的学科研究，因此在科研工作中存在很多瓶颈需要打破。同时因为保密的原因，国际上对于这项技术的研究完全封闭，在这样国际交流少、国内研究匮乏的环境下，问题都需要我们自己解决。王黎明和他的团队，把大的难题分解为中的问题，再分解到具体的点，一个细节一个细节地抠，一点一点攻关克难。王黎明提到，除了科研问题，从科学研制到工业化生产的转化也是很艰难的挑战，现实工业化生产和试验预期总有差异，但工业化生产任务迫在眉睫，这都是靠着他和攻关组夜以继日孜孜不倦地奋斗顺利完成的。他说：“院内老院士、老专家们传承下来的核工业精神是激励我们奋斗不息的动力源泉。”

展望未来，寄语青年

谈到核工业的未来，王黎明睿智的目光中充满了自信和坚定："核工业不仅是强国强军的需要，更是我国能源结构调整中新能源开发的需要。核事业前景光明，任务重大，我们责无旁贷要肩负这个重任，要为实现中核梦助推中国梦而拼搏奉献。"他表示核工业的发展不仅在本领域内发挥着重要作用，更带动了其他领域的发展，例如航天事业、新型材料的研发，目前美国核相关产业的年产值在几百亿美元，这是我国核相关产业远远达不到的，但更证明了我国核事业未来发展的潜力是巨大的。我们的核事业、核科学、核技术正在逐渐拓展到其他领域，为国民经济的发展和国民生活质量的提高贡献力量。

谈话寄语青年一代，王黎明不由得回想自己的青年时代，"我曾是院团委委员，是院青年科技论文写作与报告活动的发起人，激情青春岁月是我们开启新的人生征程的重要时期，我们核工业青年人充满了希望，充满了期待，相信他们会创造核工业新的辉煌。"他表示：年轻人要明确自己的目标，追求卓越。有目标，我们才知道如何努力，不然功夫没少费，结果却南辕北辙。作为青年人，要有理想，有追求，不能总是得过且过，安于现状，满足于现有的成绩，只有追求卓越才能做到更上一层楼。青年人要不断充实自己，社会的发展远远快于课堂。学习不仅是学专业知识，更要涉猎其他知识，因为工作中出现的需求是多样化的，只有平时多积累，潜移默化才能提高自身的整体素质。青年人还要术业有专攻，专注是必胜的法宝。青年人要耐住性子，每个行业都有低谷和巅峰，我们为之奋斗的事业是因为你们的付出和努力而迎来一个又一个辉煌，不能因一时困难而放弃希望。脚踏实地，严谨理性是年轻人应该学习和坚持的优良作风。工作成绩的好坏，很大程度上取决于态度，青年人更要养成严道理性的科研态度，做学术讨论时是没有上下级的，不论领导还是年轻人都要本着严道理性的原则，积极发表意见，不能迷信权威。青年人也不要想一口吃成个胖子，急功近利，要学会脚踏实地，认认真真地做好自己的本职工作，谈话中王黎明反复强调着核工业精神。“事业高于一切，责任重于一切，严细融入一切，进去成就一切”短短的24个字生动描述了60年来核工业人的精神风貌，青年工作者要谨记这 24 个字，更要身体力行，从我做起，从身边做起，继承和发扬老一辈核工业人的优良传统，为核事业的快速发展拼搏奉献，为实现中国梦而奋勇向前。

执着追梦,王黎明用35载的时光向世人展现了他作为核工业人不屈不挠、艰苦奋斗的核工业精神，他的每一份成功都不是一蹴而就，他依靠严谨求实的科研态度，一步一步脚踏实地、披荆斩棘、勇往直前。王黎明以身作则，以传承核工业精神为己任，这是中核梦在他身上的真实写照，在他的带领下，核理化院这支甘于奉献、勇于创新的团队在不断攀登科学高峰，为实现中核梦助推中国梦而不懈奋斗。

第二章

强核报国　逐梦前行

一生的灯塔永恒的指引

退休职工　王富一

在人生的长河中，总有一些人，如同璀璨星辰，照亮我们前行的道路，引领我们穿越风雨，抵达梦想的彼岸。对我而言，王承书先生便是这样一位不朽的引路人。如今，作为一位已从核理化院退休的科研人员，回望过去的岁月，心中满是对恩师的感激与怀念。在此，我愿以拙笔，尽我所能，勾勒出王承书先生那光辉而伟大的形象，让她的精神永远流传。

1964年的夏天，带着对未来的憧憬与一丝不安，我踏上了前往605所北京分部的旅程。那时的我，刚从大学校门走出，学的是水力机械，对于即将从事的铀同位素分离工作几乎一无所知。在新大学生入职的座谈会上，当我鼓起勇气，表达出自己的担忧与困惑时，是王承书先生用她那温暖而坚定的目光，给予了我莫大的鼓励与信心。

“你刚走上工作岗位，还谈不上本行，”王先生的话语如同春风拂面，温柔而又充满力量，“工作以后干什么就学什么，并且钻进去，爱上它，这就是你的本行啦！”这句话，如同一盏明灯，照亮了我前行的道路，让我明白了职业的真谛——不在于你最初所学，而在于你如何用心去热爱事业并深情投入其中。

在王承书先生的鼓励下，我开始了自己的科研生涯。面对全新的领域和复杂的技术难题，我没有退缩，而是选择了迎难而上。我深知，要想在这个领域有所建树，就必须从零开始，恶补基础理论。于是，我借阅了清华大学的教学讲义，如饥似渴地学习着“级联理论”“级联水力学”等专业知识。每当遇到难题，我都会虚心向老师们请教，他们的耐心解答让我受益匪浅。

在工艺运行组的日子里，我积极参与机组运行实验工作，将所学知识与实践紧密结合。每一次实验的成功或失败，都让我更加深入地理解了同位素分离技术的精髓。我深知，这一切的成就都离不开王承书先生的悉心教导与无私帮助。她不仅教会了我专业知识，更教会了我如何面对挑战、如何坚持不懈地追求真理。

在学术研究中，王承书先生的科学态度让我深感敬佩。她始终秉持着严谨求实、精益求精的精神，对待每一个实验数据都极为认真细致。在一次试验大厅的事故中，这种科学精神更是得到了淋漓尽致的体现。

那天，由于外电网突然停电，大厅内的机器纷纷降速、炸坏，整个大厅陷入了一片黑暗之中。面对突如其来的灾难性后果，大家都惊慌失措、手足无措。然而，王承书先生却始终保持着冷静与镇定。她首先安抚了大家的情绪，然后迅速了解情况并做出决策。当得知试验数据因停电而丢失时，她不禁发出了“出事故不可怕，遗憾的是没有记下数据啊”的感慨。这句话深深触动了在场的每一个人，让我们深刻认识到科学数据的重要性以及科学态度的严谨性。

事故之后，王承书先生亲自带领我们对控制室进行了全面改进，确保类似事故不再发生。她的这种崇尚科学的精神、客观的态度以及实事求是的作风深深感染了我们每一个人。在她的引领下我们积极处理事故后的各项工作，尽量减轻事故的次生损失，也让整个团队更加团结一致、奋发向前。

转眼间几十年过去了，我也从一名青涩的科研新手成长为一名经验丰富的老专家。但无论岁月如何变迁我都始终牢记着王承书先生的教诲与恩情。在核理化院工作的 43 年里我始终保持着对科学的热爱与追求不断钻研技术、精益求精。每一次实验的成功都凝聚着我对恩师的感激与怀念；每一次技术的进步都承载着我对恩师的敬仰与传承。

如今我虽然已退休多年,但每当回想起与王承书先生共度的那段时光，我的心中都会涌起一股暖流。她不仅是我的恩师，更是我人生道路上的灯塔和指引者。她的精神将永远激励着我不断前行、不断超越自我。

时值核理化院创建60周年之际,我要向王承书先生致以最崇高的敬意和最深切的怀念！在深切缅怀恩师王承书先生同时，我也希望我们每一个人都能像王承书先生那样秉持着科学精神、追求真理、勇于创新，为实现中华民族的伟大复兴贡献自己的力量！

与陈念念院士的最后一次出差

清华大学　张小章

2020 年 12 月，新冠疫情有一段时间似乎略有减轻，上海八所请我去参加一次评审。

高铁到了上海虹桥站，一下车就看到八所的徐所长，他告诉我陈院士过一会到达，我们需要略等一会。20 分钟后，天津来的动车到了，我发现只有陈院士一人走过来。一般情况下院士出差会有随从，毕竟年纪大了。我感到心里有点愧疚，心想要事先知道的话，我就顺道经天津与院士一道同行。院士倒是很云淡轻松，说一路挺好，几个小时就到了，跟办公室坐着一样。

我们驱车到了嘉定，入住八所附近的酒店。这酒店被院士戏称为上海话“好了弗啦”（奥利维亚），基本上就是一便捷酒店。因为疫情，大家防护做得都比较严。记得每次进电梯，我总是手忙脚乱的，又掏钥匙，又擦手。院士则是半握拳头，用手指背按楼层按钮，十分利索。这种“院士打法”至今我还一直沿用。

评审会有时难免冗长，还经常遇到项目数较多，讨论可能会超时的情况。我们圈子里有个说法，只要院士当评委主任，就能按时完成。陈院士在把握会议进程方面的确很有经验。

谈到开会，陈院士一直忙于各种会议。有一次我去中核集团找院士请教有关我校专业发展的问题，谈完之后我要去天津，院士也正好要去天津开会，我就借光搭院士的车一起走。路上我问院士，您出差这么多能休息好吗？院士说，只要枕头合适就没问题。院士都 70 多岁了，还为国家事业操劳忙碌，真是不容易。

离开八所那天早晨，我们一起吃早餐，将毕，院士去拿了一盘水果。我有点不好意思，按理这事情应该我去做才对，但这盘水果显然是两人吃的。思量一会，我怯怯地问院士一声，这水果有我的吗？哈哈，院士开心一笑，不给你我还能给谁？这长者般的笑声顿时驱散了我的尴尬。

我和院士一起乘车离开八所，我要去虹桥站乘高铁，院士要在途中下车见他在上戏的堂弟。路上，院士谈起了他和堂弟因为舅舅是老票友的缘故而喜欢上京剧，后来，堂弟从事了专业戏剧，而院士则考上了清华，在校期间也是一位文艺骨干。

短短的几天，是我最后一次与陈院士一起出差的日子，在我的记忆中留下深刻的印象，成了永远的纪念。

与念念院士的点滴往事

数字化与档案中心/战略科技情报研究中心　张蓉

2000 年 8 月，我从兰州大学物理学院毕业后，到核理化院报到，念念院士时任核理化院院长。记得 2000 年深冬，有一份申请需要请院长签批，怀着几许好奇和忐忑，我第一次来到念念院长的办公室。没想到念念院长特别平易近人，他一边审签一边和蔼地询问我，从哪个学校毕业，主要从事哪方面工作等，令我如沐春风。

2003 年夏天，我第一次参加院青年论文比赛。初出茅庐，经验不足，对现场报告的节奏把握不好，15 分钟内只汇报了大部分论文，草草进入了评委提问环节。念念院士那时已经退休，担任院科技委主任，同时也是青年论文评委会组长，他压轴提问点评，我至今仍记得他当时和蔼可亲的面容，他微笑着安慰我，并针对我的论文给予肯定的评价，同时对下一步研究方向给予指导。那一次，我获得了二等奖，他的教诲犹如春风化雨，促我奋进，给我力量。

2005 年，依旧是盛夏时节，首届“承承奖”在包头拉开帷幕。这一次，我重点准备了现场报告环节，有幸与第四研究室的同仁王颖并列一等奖。因工作关系，我没有参加比赛后的参观交流，而是与念念院士等评委们同车提前返程。在返程的路上，我再次近距离与念念院士接触。他主动问到我的业余爱好，犹如一位父辈关心自己心爱的孩子一般淳厚。他还幽默地鼓励我是“步步高”。在与他的交流中，我知道了“承承奖”的含义。他说，第一个“承”是继承，第二个“承”代表王承书先生，因此，“承承奖”的设立就是希望核理化院的青年才俊要继承王承书先生的遗志，为我国的同位素分离事业贡献自己的全部力量。那一刻，我在心里暗下决心，并将“承承”二字铭刻于心，努力践行。

2011年7月，我调入综合计划处，转行从事知识产权研究与管理，一切从零开始。那年12月，我协助处里组织集团公司科技进步奖的成果鉴定会。会议间隙，念念院士作为鉴定会专家组组长，邀请我们几位会务人员趁空隙去国家大剧院欣赏程派经典剧目《锁麟囊》。剧情扣人心弦，妙词佳句层出不穷，程式唱腔婉转动人。这是我第一次欣赏国粹艺术，在他的引领下，我自此爱上了京剧的美妙世界。演出结束，我们返回宾馆的路上，他不仅询问我的观演感受，而且也关心我在新岗位的工作情况。他勉励我，“知识产权对于我们研究院是非常重要的科技成果，要多学习这个领域的新知识，做好从材料研发人员到专业管理人员的角色转换。”知识产权是典型的复合学科，要求从业人员既具备理工科背景，也具备一定的民商法知识。正是在他的激励下，2012年至2015年，我利用周末的时间，完成了中国政法大学民商法硕士课程的学习。在各级领导、专家和知识产权员的大力支持下，我边学边干。我们通过不断提升全员的知识产权意识，充分发挥研发人员的主动作为，从“要我保护知识产权”变为“我要保护知识产权”，最终成功构建了同位素材料领域的知识产权保护高地，为我院的科技成果转化提供了坚实的高质量知识产权支撑。

2016年，发明专利《移动式放射性处理设备》荣获了第十八届中国专利奖优秀奖；2017年，我院有2件发明专利荣获了天津市专利奖优秀奖。在传承前辈业绩的基础上，我们秉持创新精神，敢为人先，不断探索先进的管理方法。2012 年提出专利全寿命期管理方法并进行试点，2014 年在试点基础上全院推行，2015 年被推广应用于中核集团其他成员单位，2017 年该管理创新成果代表中核集团荣获第三届央企青年管理创新三等奖。2019 年，核理化院成为了中国知识产权研究会的高级会员单位……这些成绩的取得都离不开念念院士的关心和指导。

念念不忘，不忘念念；念念难忘，必有回想。敬爱的念念院士虽然离开了我们，但他对党忠诚、为国担当、敢为人先、严谨治学、朴实谦和、风趣幽默的“念念风范”影响了数代核理化人，将永远铭记在我们心间。不忘念念，传承“念念风范”，是我们每一个核理化人的使命与责任。

我与导师二三事

八所　郭子学

岁月荏苒，时光如梭，六十年前诞生于海河之滨的华北六〇五所，如今迎来了甲子之年。六十年栉风沐雨，六十年拼搏奉献，六十年接续奋斗，核理化院创造了数百项科研成果，攻克了无数技术难关，收获了几多掌声与赞誉。回顾走过的时光，尘封的历史记忆逐一展现，那些深深触动我的人和事涌上心头。

我是20世纪90年代大学毕业后考入核理化院攻读硕士研究生，诸葛福研究员是我的硕士研究生导师。在我准备毕业论文期间的三件事，至今令我记忆深刻。

一是“碎纸之谜”。90年代的时候，院里的计算机是多人共用一台的，我做计算写论文使用的是诸葛老师的计算机。白天，老师使用计算机进行工作，晚上，我则用它做计算、写论文。记得有一天我又干了一个通宵，早上等着和老师交接。诸葛老师走进办公室，边放东西边问我，“小郭，昨天咱们讨论的问题，我又有新的想法，你把昨天咱们讨论用的公式拿出来。我翻找手边记录的纸，却没有找到，突然想起自己昨天将写了记录的纸当废纸扔了。老师听我说完先是一愣，接着问，“你把它扔哪了？”我说：“我把它撕了扔到废纸篓了”。老师立即停下来，对我说“赶紧和我一起把它找回来”。我们二人一起从废纸篓里一片一片地把碎纸片收集起来，老师一边干一边对我说，“干我们这一行的，保密是很重要的，一点东西也不能随便处理，即便像昨天的这张纸不涉及敏感的事项，你也不能随便扔了”。诸葛老师的一番话让我意识到自己保密意识的欠缺，也帮助我养成了良好的工作习惯。

二是“调研之约”。我初入学，准备毕业论文开题论证时需要调研大量相关的国内外文献。老师跟我说：“你现在的研究题目基本确定了，需要多做些这方面的文献调研，做分析比较。有些资料我这是有的，但是你要自己先做调研。学会做调研分析是做科学研究的一项重要基本功，你一定要掌握，同时你要调研到新的资料，然后交给我一份，要学会分享新的知识和信息。”我按照老师指导，往返天津北京，进图书馆、去情报所，查阅了不少新资料，结合老师给我的资料，认真翻译、仔细整理、全面分析，按时完成了开题论证。深入开展调研的学习习惯也为我的工作打下了良好的基础。如今，我的办公室积累了半柜子各个时期的调研资料，也将深入开展调研的科研方式教给了我的研究生，帮助他们养成良好的学习工作习惯。

三是“铜壶之问”。这件事发生在我毕业当天。顺利通过毕业答辩后，我和诸葛老师都很高兴，老师就邀请我们研究团队的人聚餐。当时的饭店里有专门的茶水师，提着有长长的细壶嘴的大铜壶给客人倒水。只见茶水师杂耍般舞弄着茶壶，茶壶左右翻飞、上下跳跃，滴水不洒，茶水师或正身或侧身或背身，都能将壶嘴准确地对准茶杯，茶水流满茶杯而一滴不溅。我们如同看戏般欣赏，惊叹于茶水师的精彩表现，诸葛老师看了一会儿忽然半开玩笑地开口道，“你们说，为什么水会那么听话而一滴不溅出来呢？这其中一定有它的科学道理，你们有时间了可以做一些工作”。诸葛老师一番话让我们意识到，生活中处处有学问，要主动探索知识，做一个持续学习的科技工作者。

虽然这三件事不是什么大事，但却给我留下了深刻的印象。我从中感受到了老一辈核理化人严谨治学的工作作风，时时创新、知新思变的科学精神，处处留心、事事究理的博学理念。我想这也是核理化院历经六十年发展、不断壮大、连创辉煌的动力源泉，值得我们去继承发展，不断进步创新。

纪念一位老共产党员

退休职工 李金树

十几年前，为庆祝建党九十周年，我曾写过一篇征文，纪念我的老师、铝合金材料专家、老共产党员李春运同志，后来底稿不慎遗失了。斗转星移，转眼间我院迎来了建院六十周年的重大时刻。借着庆祝建院六十周年征文的契机，再次回忆一下李老师的点滴事迹，既是为了怀念过去专用装备研制早期的艰辛岁月，也是为了和核理化院年轻一代的科研人员共勉，让我们不忘初心，继续奋斗，为祖国的核事业做出更大贡献。

我是 1994 年夏天，清华大学双学位毕业后来到李老师的铝合金课题组工作的。当时第一代专用装备研制刚刚立项，各项工作都处于起步阶段。其中铝合金材料课题是当时大家普遍认为最急迫、难度最大的课题之一，李春运同志担任了该课题的负责人，此时李老师已经 57 岁，接近退休年龄。从事过第一代专用装备研制的科研人员也许都知道，由于我国工业基础薄弱，我国研制高科技的专用装备，是从研制专用装备的材料开始的。20 世纪 90 年代初研制专用装备以来，材料研究室研制成功了多种填补国内空白的材料，并注册了多种国家材料牌号，为第一代专用装备的最终研制成功奠定了基础。这其中最重要、影响最大的莫过于铝合金材料了。而我院从事专用装备铝合金材料研制研究的开创者之一正是李春运老师。

一、勇担重任，坚持科研一线

毕业于东北大学的李春运老师，是位老共产党员，一生从事金属材料研究，几乎为我院研制的所有型号机型都研制研究过金属材料。从20世纪90年代初我院开始研制第一代专用装备以来，李老师便一头扎入专用超高强铝合金的研制中。研制一种新的铝合金牌号材料，是相当艰难的事情。设计要求这种新铝合金材料要比当时国内可以批量化生产的LC4铝合金强度提高很多，而且韧性塑性不能降低，耐腐蚀性要好，研制难度非常大。此时李老师已经接近退休年龄，身体也不是很好，但为了国家的核工业事业，他不顾自己年高体弱，义无反顾地承担起了课题组长的重担。研制开始时，困难重重，没有资料、没有合作单位愿意和我们合作开展这种风险极大、暂时又没有任何效益的工作，李老师要夜以继日地工作，定方案、做试验，论证、调研，连续出差。为了加快进度，他处处身先士卒、样样亲力亲为，为年轻人树立了榜样。表现出一个老党员对国家事业高度负责的精神。记得在1995年下半年为了解决铝合金的各向异性问题，课题组曾连续进行多日的热处理试验，为了照顾年迈的李老师，本来安排非关键时段由年轻人值班，但李春运同志坚持和年轻同志奋斗在第一线，常常是清早来上班，深夜才回家。1997年为了解决铝合金的加工变形问题，课题组组织了为期一个月的连续试验。考虑到当时李老师已经 60 岁了，身体也不好，没有安排李老师倒班，但为了掌握第一手资料，他坚持在现场工作，大部分时候他在现场的时间一天超过 15 个小时。这种急科研之所急的精神体现了一个老共产党员的高风亮节。在李老师的带领下，在院里关心支持下，铝合金研制不断取得突破。但李春运老师并没有能够等到铝合金完全研制成功的那一天。在做了四五年大量的基础工作以后，1997年底李春运老师退休了，李老师退休后，又作为专家发挥了两年余热，直到 2000 年。这一年虽然材料问题还没有彻底过关，但已经解决了大部分瓶颈难题，为今后的发展打下了坚实的基础。到 2003 年铝合金材料终于定型并申报了国家牌号。

二、以事业为重，不计个人名利

李老师退休时的职称仍然是副高级职称。以他的学术水平和科研成果，他其实是很有机会获得正高级职称的。但机会在他工作优先的原则下多次错过了：李老师中学学的日语，大学学的俄语，后来自学了一点英语。但哪门外语都不太好，应付工作还可以，但对付外语职称考试却不行。在他能够考正高的几年中，正是铝合金研制的关键时期，他一头扎进科研中，没有时间去复习外语。那时外语合格证是考职称的必要条件，取得再多再好的科研成果，没有外语合格证也不允许参加考评。由于没有外语合格证，他多年未取得考评资格。当时不论是领导还是课题组的成员都劝过他，先将工作放一放，安心去攻读外语，毕竟正高和副高待遇差别很大。他总是说，顺其自然吧，如果科研顺利我可以去安心读书，现在材料是专用装备的瓶颈，我不能为了自己的利益耽误了九室、耽误了三院的事情。在这种指导思想下，他带领课题组圆满地完成了材料研制初期的任务，却将自己的职称彻底耽误了，这样他的退休金也少了不少。曾经有人问他是否后悔，他坦诚地回答说，后悔确实有一点，但如果因为我自己去备考耽误了铝合金的研制，使项目拖延甚至失败，我会更加后悔。专用装备成功了，这其中有我的贡献，我不仅满足，甚至骄傲和自豪。

三、诲人不倦，甘当人梯

李老师是一个老党员，心直口快，嫉恶如仇。对人热忱友爱，对看不惯的事情敢说敢管。脾气有些大，是一个个性鲜明，优点和缺点都很突出的人。在他手下工作过的人几乎都被他骂过，但大家都知道李老师没有坏心眼，即使被他错骂了，也不会太在意。李老师尤其对年轻人大力提携，处处言传身教，既教书又育人。正是在李老师的严格甚至苛刻的要求下，促进了在李春运手下工作的一批人快速成长。在原九室大家都亲切地称呼他是“党校校长”。之所以这样称呼他，有两种原因，第一，他确实善于循循善诱，言传身教影响带领身边的同事听党的话，照党的方针办，做一个优秀的党员。第二，因为受到了他的良好影响，在他手下曾经工作过的十多位同志几乎全部走上领导岗位，同事们开玩笑说，能调到李春运手下工作，就是进了“党校”，不久就能提干了。

李老师退休几年后，由于罹患重病、老伴去世，子女常年在国外，本地无亲戚等原因，生活比较孤独。我院的同志没有忘记这位曾经为了专用装备的研制做出突出贡献的老专家，经常前去探望。2011年，经过多年不懈的努力，我院的研制的第一代专用装备，不仅实现了批量化生产，而且实现了可靠运行。我院为我国的核工业做出了突出贡献。而恰在这一年初，李春运老师去世了。当时万分悲痛，我曾写过一篇纪念他的文章。时间过得真快，十几年过去了，我院在第一代专用装备取得成功之后，又取得了一个又一个辉煌的成果。核理化院今日的辉煌，是一代代科研工作者、干部、工人奋斗的结果，我们永远要记住老一辈专家学者为我们今天辉煌事业所做的一切。他们的敬业爱岗、甘于奉献的高尚情操永远激励我们再创辉煌。

如今我也退休了，今年恰逢核理化院成立60周年，再次为李春运老师写一点文字，就是为了让我们不忘过去，展望未来。将老一代科技工作者好的传统和作风传承下去，发扬光大。同时寄语年轻的同事们，我们是前辈的学生，也是学生的前辈。民族复兴事业很大，我们的人生很短，奋斗正当时，一万年太久，只争朝夕！

我与师傅的故事

数字化与档案中心/战略科技情报研究中心　张萌

在核理化院这片承载着无数梦想与汗水的土地上，我已经默默耕耘了二十年。这二十年，是我从青涩学子成长为中流砥柱的二十年，也是我与无数前辈并肩作战，共同书写辉煌篇章的二十年。在这段漫长的旅程中，有一个人，如同夜空中最亮的星，指引着我前行，那就是我的师傅——杨德萍。

刚踏入核理化院的大门，我满怀激情与憧憬，期待着能在科研一线大展拳脚。然而，命运似乎开了个小小的玩笑，我被分配到了档案室，一个在我看来相对“清闲”且远离科研核心的地方。这份落差，让我心中不免生出几分失落与迷茫。

就在这时，杨德萍师傅走进了我的世界。作为档案室的资深员工，杨师傅没有华丽的言辞，也没有刻意的说教，她用自己的行动诠释了什么是真正的职业精神。每天，她总是最早到达办公室，最晚离开，对待每一份档案都如同对待珍贵的艺术品，细心整理，耐心归档。她的专注与敬业，像一股无形的力量，悄悄地在我心中种下了责任的种子。

时间如白驹过隙。转眼间，院里迎来了一项重大项目的验收。作为档案部门唯一的男员工，我自然被寄予厚望，承担起更多的工作。然而，就在这时，杨师傅的家庭遭遇了变故，家庭的重担压得她喘不过气来。面对这样的困境，我本想主动承担更多工作，为师傅分忧解难，但杨师傅却坚持不让，她用自己的坚韧和毅力，证明了即使在最艰难的时刻，也绝不放弃对工作的热爱与执着。

验收期间，面对专家们的严格审视和连珠炮似的问题，我有时难免会感到紧张与急躁。每当这时，杨师傅总是能敏锐地察觉到我的情绪变化，适时地给予安慰与指导。她告诉我，无论遇到什么困难，都要保持冷静与理智，用专业的态度和扎实的功底去回应每一个质疑。在她的鼓励下，我逐渐学会了如何在压力之下保持镇定，如何以更加成熟和自信的姿态去面对工作中的挑战。

除了工作上的严谨与认真，杨德萍师傅还是院里的文艺骨干。她拥有一副好嗓子，是院里小有名气的歌唱家。每当院里举办文艺活动时，总能看到她活跃的身影。她的歌声如同天籁之音，不仅为同事们带来了欢乐与放松，更在无形中传递着一种积极向上的生活态度。即使后来退休了，她也依然积极参与院里的各项活动，用她的歌声和热情继续感染着周围的人。

如今，我也已步入中年，成为核理化院的一名中坚力量。回望过去二十年的点点滴滴，我深感自己能够走到今天这一步，离不开杨德萍师傅的悉心教导与无私奉献。正是有了像杨师傅这样的老一辈核工业人的引领与示范，他才能够在工作中不断成长与进步，在生活的风雨中保持坚韧与乐观。

站在新的历史起点上，我深知自己肩负的责任与使命。我决心要继承并发扬老一辈核工业人的优良传统和精神风貌，以更加饱满的热情和更加坚定的步伐投身到工作中去。我相信，只要每个人都能够像杨师傅那样勇于担当、乐于奉献、积极进取、乐观向上，就一定能够共同书写出核理化院更加辉煌的明天。

在核理化院这片热土上，有无数像杨德萍师傅这样的普通人。他们没有惊天动地的壮举，也没有显赫一时的名声，但用自己的实际行动诠释了什么是责任、什么是担当、什么是热爱、什么是奉献。正是这些不平常的普通人汇聚成了推动核理化院不断前进的强大力量。让我们向这些默默无闻的英雄致敬！让我们携手并肩共同创造更加美好的未来！

我的第一任老师

真空技术装备研发中心　陈欣

作为核后代，能如愿以偿接续父辈的衣钵，成为核工业人，我感到很骄傲、很自豪。记得我初中时骑自行车上学，那时候自行车后面是挂有自行车车牌的，上面印有“核工业理化工程研究院”字样。记得当时学校门卫师傅看见了问道：“你家有人在核工业上班？”“嗯，是的。”我仰着头答道，内心特别自豪。从那时起，我就认为核事业是一项特别伟大、神圣、值得骄傲的事业，也憧憬着自己将来可以成为其中的一员。

在核理化院的发展历程中，老一辈的科技工作者扮演着至关重要的角色。他们以其坚定的信念、卓越的才华和无私的奉献，为核理化院的发展奠定了坚实的基础，他们的可贵之处，不仅在于他们的学术成就，更在于他们的人格魅力和精神品质。我步入社会的第一任老师——任国臣，就是“扶我上马，再送一程”的人。大家都亲切地称呼他为任工，当时任工已经退休。他退休前是一车间主任，退休后在原制粉公司发挥余热，负责图纸、资料管理等工作，而当时我就是任工的“徒弟、学生”。在我的印象中，任工是一个慈祥、善良、经验丰富、乐于助人的一位“老师”。对任工钦佩的不仅是他的学术成就，更体现在他的品质和精神上。他作为一名高级工程师和老领导，始终保持着谦虚谨慎的态度，对待每项工作都一丝不苟，对待同事和像我这样刚步入社会的“小白”都充满了耐心和热情，乐于分享自己的经验和知识；对待生活也充满了乐观和积极，始终保持着良好的心态和精神状态。任工不仅是一位杰出的管理人员，更是一位优秀的老师和榜样。他关心年轻科研人员的成长，耐心指导我们进行研究工作，帮助我们解决遇到的问题，他的言传身教，让很多年轻研究人员深受感染，激励着他们不断地进取、追求卓越，深受我们这帮“小年轻”崇拜。当时任工已经 60 多岁了，足可以相对松懈工作，可任工却每天早来晚走，总是最后一个离开办公室的人。有时工作任务重，任工带领我中午加班加点也要完成，这种强烈的责任心给我树立了优秀榜样，为我今后积极的工作态度奠定了基础。

在老一辈核工业工作者的身上，我看到了他们对国家的忠诚、对事业的热爱、对工作的认真，他们信念坚定、态度严谨是我学习的榜样。他们的精神和品质不仅是中国核工业的宝贵财富，也是我们这一代人学习的榜样和动力源泉。

老一辈核理化人可贵的不仅是他们的工作作风、奉献精神以及对后辈的悉心指导和无私奉献。除此之外，任工的可贵之处还体现在他对待生活和工作的平和心态上，他深知科研工作的艰辛与不易，但从未因此抱怨或放弃。相反，他总是以乐观的态度积极面对生活中的挑战和困难，任工的老伴过世早，已经经历过失去亲人的痛苦。他看到我当时处于失去亲人的痛苦阶段，任工就跟我讲了他自己的遭遇，还语重心长地跟我说：“小陈，没有一个人的人生是一帆风顺的，失去亲人固然是痛苦的，但我们要坚强，更要努力生活、好好工作。”接下来的工作中他也总是时刻关注我、激励我，我耳边也总是会回荡着任工这句话，“小陈，要努力、要加油、精彩地活下去。”每次我遇到困难的时候就用这句话激励自己，我一直在努力奔跑，最终我通过自己努力评为副研究馆员，至今我都深深感谢任工！

任工总是尽最大的努力去做好每一项工作，即使面对困难和挫折，也从不气馁，而是从中汲取经验，不断提升自己。这种平和的心态和坚韧的精神，不仅在工作中取得了显著的成就，更让他在生活中成为了我学习和尊敬的人。他用自己的实际行动告诉我，只有保持平和的心态和坚韧的精神，才能在人生的道路上不断前行，实现自己的价值和梦想。任工的另一个优点就是：生活简朴。他在生活中始终保持着简朴的作风，不追求奢华和享乐，而是将更多的时间和精力投入在工作中，有时我们还打趣地说："任工，这件衣服太破旧了，是不是该注重一下形象？"他总是笑着说："挺好的啊，能穿就行，并且这样的衣服穿着舒服。"他的艰苦朴素的精神，严于律己，宽以待人的精神也是我学习的榜样。

现如今，我已经成为一名名副其实的核工业人，我深感骄傲和自豪。作为核工业人，深知自己的使命和责任。在未来的日子里，我将继续秉持着"安全第一、质量至上"的原则，坚持以市场需求为导向，研发新产品、改进新技术，充分适应市场环境，成为具有先进产业理念的研发团队的一员，贡献自己微薄的力量！

核工业精神之工程现场展现

三所　刘莲花

作为一名核工业从业人员，我一直深深地感受到自己肩负着巨大的责任和使命。在这个行业中，不仅要有过硬的专业知识和技能，更需要拥有稳定、严谨、负责的工作态度和生活作风。

在核工业这个行业中，每个人都有着不同的任务和职责，但是他们的奉献却是互补的，不可替代的。因此，如果想要取得成功的话，就必须要善于团队合作。只有同心协力、团结一致，才能实现最终的目标。在这个行业中，我们之间不仅要相互学习、相互借鉴，还要保持良好的沟通和协调，因为这些都是成功的保障。

集控团队成员除了本人外，还包括但勇军、武剑、张博洪、安世兴和陈秋纯等五位同志，在工程现场装调过程中，集控团队肩负着重要使命。我作为集控系统设计师和集控组长在工程装调期间必须发挥关键的带领与指导作用，解决集控组人员少、工程量大的难题。当遇到工程现场工况变化时，需要及时调整工作计划，合理安排人员布局；遇到系统故障时，首先不能乱了阵脚，必须果断决策，需要现场实时跟踪问题进度，及时解决各种工程调试难题，保障了重大试验节点的顺利完成。记得在专项工程的第一个重大节点仪式前，需要临时增加大屏幕展示的内容，加班加点进行现场研制、测试及调试，同时又由于节点仪式的临时提前，整个打乱了临时增加任务的调试安排。为了保证重大节点仪式展示内容的完整性，以及全面展示我们主工艺系统的调试进度及完成情况，在关键时刻不能给单位掉链子，我连续在现场作战到深夜，必须确保第二天的展示无误。在几乎通宵达旦的情况下，再加上承担的压力过大，第二天两个眼睛导致变成了“兔子眼睛”。顶着两只“兔子眼睛”的我，丝毫没有影响解决问题的速度，在仪式开始前的半个小时确保了所有展示内容正常，也及时地给我们的党委书记鄢斌同志进行了相关介绍。当听到鄢书记说：“眼睛都红了，注意休息呀。”我当时突然眼睛湿润了，第一次跟鄢书记近距离接触就感受到了亲切的关怀，虽然很累，但似乎疲倦消失得无影无踪了。有机会在项目现场展示我们团队的技术与实力以及解决突发问题的能力，这是我作为一名核工业人，一名核理化人，更是作为集控系统设计师及负责人的自豪。

但勇军同志负责系统安装、安全质量工作，确保系统装调的每个环节都符合要求，严格把控装调阶段各个重大节点，即使生病发烧仍然坚持到工程现场，顶着38.5摄氏度的体温愣是在工程现场各个区域游走了两万多步。他自己开玩笑说累了出点汗估计烧就退了，正是这样的核理化人确保了集控系统装调任务的按时高质量完成。安世兴同志作为组里的年轻同志，担负起集控系统数据一致性和性能测试的重要工作。工程试验期间，面对多条线同时试验，集控组需要全程提供技术保障。为了解决集控组人员短缺的问题，安世兴同志主动要求全程在现场进行技术保障，曾经连续一周日夜坚守在试验现场未回宿舍休息，曾经被开玩笑赋予“野人”称号，在试验期间及时解决控制问题，确保了集控系统的运行稳定。陈秋纯作为最新加入团队的一个女孩，把核工业精神展现得淋漓尽致。第一次去工程现场，就连续待了半年以上，主动承担了春节期间留守进行集控系统的技术支持工作。正是这样的一个团队，第一次承接这样的大工程，克服了人少工程量大的难题，完成了与几千台工艺设备共计 20 余万个参数的数据采集与监测控制工作，历经 18 次百小时系统考核试验，满足了工艺系统的远程集中控制需求，实现了工程化应用。

有时候，我也一直在想，我们这个小团队居然能完成这些以前想都不敢想的艰巨任务，力量到底来自哪里呢？后来我参观了院里的“王承书纪念馆”和其他核工业单位的纪念馆后，我突然想明白了，这股敢于拼搏进取的动力，正是源于“事业高于一切，责任重于一切，严细融入一切，进取成就一切”核工业精神力量的鼓舞，以及“强核报国，创新奉献”新时代核工业精神的激励。这样的精神已经融入我们的意识、我们的血液中。在工作中，我们始终保持的“勇担国任、勇立潮头、勇毅前行”的工作作风，一直坚守的“严谨求真、严细求实、严正求新”的科研理念，促使我们坚定扛起了肩上的责任，也使我们愿意用自己的汗水和智慧，在相关的专业领域留下我们的足迹，为核理化院的发展奠定基石，为祖国核事业的腾飞贡献力量！

不找借口找方法

三所 岳鹏

在工程现场的建设过程中，301-3 组成员承担了多个系统的安装和调试工作，其中不乏有登高作业、动火作业、带电作业等存在一定安全风险的工作。为此，组内提出安全生产责任及监督举措，即相关系统负责人对本系统工作过程中存在的安全隐患进行梳理总结，组内安全员负责监督各类工作是否符合操作规程，实现了一种全员参与、相互提醒的工作状况，切实保障了工作的安全可靠开展。这是一支信得过、打得赢的队伍，他们团结奋进，时刻怀着对祖国、对核理化院的强烈感情和美好期待不断攀登一个又一个高峰。

团队始终认为安全是一切工作的首位，安全是效益，同样也是生命。没有安全，就谈不上生产；没有安全，也谈不上我们个人的生存；没有安全，我们的幸福与未来都是空中楼阁。301-3 组成员积极配合现场工作，积极参与各种类型的安全培训教育活动，在学习的过程中查漏补缺、常思常新。在每一次的安全宣贯工作中，消除自己的麻痹思想，不断强化安全认识。除了思想上的重视，安全工作还讲求操作合规，这需要大家知晓安全隐患、明晰操作流程、掌握操作规范。现场工作需要组内成员合作完成，考虑到有些同事工作经验较少，组内采用“老带新”的形式开展工作，在保障安全的前提下进行教学讲解，力图实现组内每一位成员都能够独立安全工作的条件，为日后的技术服务阶段的轮值工作打好坚实基础。

“安全生产勿侥幸，违章蛮干要人命”“小心无大错，粗心铸大过”，这些随处可见的安全宣传标语时刻提醒着参与工作的每一个人，高高兴兴上班来，平平安安回家去，这是每一个家庭的美好愿景，让我们从身边的小事做起，遵守安全操作规程，让安全相伴永远。怀着这样的思想信念，团队干出了一件又一件的成绩，培养出了坚实可靠的骨干成员，在工程现场发挥了尖兵的作用。

曾记得那时组长岳鹏刚安顿好家里，辞别了妻儿，如同这项伟大事业的众多建设者一样，毅然踏上了这趟旅程。工程现场的全貌好似一列远远驶来的高速列车，无论心里如何描绘它的样子，依然会被它轰鸣迫近的气势所震撼，那凌晨一辆辆满载的大巴、那成排矗立的高大吊塔、那如宫殿般宏伟的巨型气膜、那万人作业的盛况宏大。正要收拢精神、放开手脚之时，难题却一件件地摆在了眼前。第一件便是落后的土建进度与严格的装调节点间的矛盾。现场气温已经低至零下，路径沟壑纵横、沙土满天，建筑内也依然裸露着它钢筋水泥的原始模样，施工人员忙着搬运、切割、焊接好不热闹，线槽、管路、脚手架林立，好似一个钢铁丛林，如何在如此复杂的环境下保质保量保工期地完成“金贵”的工艺设备安装调试，第一次让他犯了难。“不找借口、找方法！”他这样说。在工程技术科、调试队等领导与团队的坚强领导与鼓励下，经过多轮的沟通、交底、评估，按照节点要求倒排计划，综合考量不同场地环境、进度，以及不同设备、部件的施工特点，梳理出了具体的实施路线，以刚性计划框定不确定性的现场条件，坚定勇敢的打好每一场攻坚战、歼灭战、遭遇战、游击战。“拉队伍！”作为组长，第二件大事就是拉起一支队伍。由于自研自产设备比例高，外协人员十分缺乏，看着其他组动辄十几人的专业外协安装团队，只有“羡慕嫉妒恨”的份儿了，外协团队的缺乏意味着货品的贮存、转运、拆箱、安装、检测、甚至工器具管理等更多更杂的隐藏工作量，那些天他常常难以入眠。随着入职不久的冯永康同志、王健栩同志陆续进组，高阳、倪唯荣、张降元等同志也在自己有工作安排的情况下优先支援现场安装，聚合形成了一股合力，保证了现场工作的顺利启动。这支队伍扛住了压力，干出了成绩。

在工程现场，组里的骨干，也是科室里的老大哥李鹏程是最早来到现场工作的那一位，印象里他总会指向某一个地标建筑讲述着它之前的模样，听他分享初到这里时的经历和见闻也成为组里的趣事之一。从最开始的场地布局设计到后期的设备安装调试，大部分工作都在他未曾涉足过的领域，但他面对问题没有畏难情绪，通过不断的学习与交流，将每一项工作的重点和难点搞清楚、摸明白并尽力做到最好。在出差期间，他白天积极奋战在工程前线，妥善完成每一项工作任务，下班回到宿舍他还不忘院内的科研任务持续攻关，以自己的实际行动影响带动着身边的同事不断奋进。这位“老同志”呵护着我们干出了那样的不可思议的成绩，向祖国、核理化院交上了一份满意的答卷。

这就是我们的团队，我们可爱的同志们！我们怀着对核理化院成立60周年的喜悦之情，对未来充满着期待与祝福，继续出发迈向新的征程！

我们一直在路上

三所　赵江海

在浩瀚的历史长河中，总有一些时刻，让平凡的灵魂熠熠生辉，成为时代不朽的注脚。今年，正值核理化院成立 60 周年，这不仅是一个时间节点的庆祝，更是对无数默默奉献于核工业事业的先辈们最深切的缅怀与致敬。我，作为新时代三所青年的一员，站在前辈们的肩膀上，继续着他们未竟的事业，心中涌动着无比的荣耀与自豪。

回望过去，每一次踏入这片荒芜之地，心中都会涌起一股难以言喻的激情。记得初次见到西北工业大学那座“为国铸剑”的雕像时，我仿佛被一股无形的力量牵引，那座雕像的每一道刻痕都仿佛在诉说着无数科研人员不为人知的艰辛与坚持。它不仅是艺术的创作，更是精神的图腾，激励着每一位像我一样，怀揣着报国梦想的年轻人。

在核理化院工作的这些年里，我见证了太多令人动容的瞬间。从最初的懵懂无知到如今的独当一面，每一次的成长都伴随着汗水与泪水。项目现场的风，吹走了城市的喧嚣，却吹不散我们心中的信念。在这片看似贫瘠的土地上，我们用智慧和汗水浇灌出了核工业的参天大树。

“披星戴月，乐此不疲”。这不仅是我们在朋友圈里的一句戏言，更是我们日常生活的真实写照。在调试初期，面对零下二十多摄氏度的严寒，我们没有退缩，没有抱怨，只有对工作的无限热爱和对国家安全的坚定守护。没有窗户的现场，刺骨的寒风，却吹不散我们心中的温暖。那一刻，我深刻体会到了“为国铸剑”的真正含义——那是一种超越个人利益的崇高追求，是一种将国家命运与个人命运紧密相连的责任感。

为了项目的顺利推进，我们几乎将所有的时间和精力都投入工作中。有的同事每天步数超过两万步，穿梭于各个单位之间，协调解决各种问题；有的同事则长期驻扎在现场，与设备为伴，日夜兼程，只为那一刻的成功。他们的身影，在项目现场留下了最坚实的足迹，也在我心中种下了最坚定的信念。

黄令仪院士曾说：“我愿匍匐在地，擦干祖国身上的耻辱。”这句话深深地触动了我。作为新时代的三所青年，我们不仅要继承前辈们的遗志，更要勇于创新，敢于突破，为国防科技事业贡献自己的力量。

在这个日新月异的时代里，创新是推动事业发展的不竭动力。我们积极学习新知识、新技术，不断提升自己的专业素养和综合能力。同时，我们也敢于挑战传统观念，勇于探索未知领域，努力在科研工作中取得新的突破和进展。我们相信，只要我们保持这种创新精神和实践勇气，就一定能够在国防科技领域创造出更加辉煌的成就。

站在新的历史起点上，我们深知肩上的责任重大而光荣。作为新时代的三所青年，我们将继续秉承“强核报国、创新奉献”的初心和使命，坚定信念、勇于担当、创新进取、无私奉献。在党和国家的领导下，我们一定能够成为真正的国防铸剑人，为国家的安全和发展贡献自己的青春和力量。

未来的路还很长，但只要我们心怀梦想、脚踏实地、勇往直前，就一定能够创造出更加辉煌的明天。我们新时代的三所青年在核事业上永远走在最前端，我们一直在路上……

我们一起努力着

三所　郑楠

记得刚入职没多久，听见有人谈论说“听说我们要调一个主任来，八所的，你说他一个搞科研的，懂我们的单氟吗？”对面的人摇摇头，撇撇嘴，不以为然。果然，没过多久，大家嘴里的搞科研的人就来到了我们的单氟生产部门——十室。第一次开全室大会的时候，我见到了他，吴辅兴吴主任，大家背后称他“老吴”。老吴不胖不瘦，说话不疾不徐，走路不紧不慢，那时候，他已经快“二线”了，是大家常说的“晃一晃就到退休的年龄了”。

过了半年，大家发现老吴并没有等着退休，他每天早早来单位，第一件事就是去车间溜一圈，当时的单氟生产车间，靠高温烧制产品，温度很高，尤其是夏天，车间生产常常汗流浃背，而且即使有通风的情况下，也常有刺鼻的化学气体味道。老吴来了后，并不是溜一圈就走，而是先在旁边看着工人们干活，刚开始，大家感觉领导又来“监工”了，随着次数的增多，老吴和工人们聊了起来，了解工序的生产过程，谈谈工人们的生活状态。后来，大家发现，老吴无论刮风下雨，还是周末节假日，都会早上来溜一圈，大家已经习惯了，远远地就和老吴打招呼。没过多久，老吴利用自己的专业知识和不断学习的工艺知识，对现有的石墨炉提出了改进设计想法，解决了单氟生产中的一些棘手问题。

这时候，大家的议论发生了变化，觉得老吴还真行，最让大家津津乐道的是老吴对各方面的钻研精神，他把科研的精神带到了民品生产中。他关注国际市场、关注原材料价格、研究原材料价格。有一年，原材料价格飞涨，但在老吴的指导下，我们半年前就采购了单氟生产的主原材料，稳住了市场，维持住了客户。老吴从一个大家嘴里什么都不懂的“门外汉”变成了“主心骨”。

老吴不但自己有钻研精神，而且善于发现基层员工的闪光点，肯定他们的价值，从而调动员工的积极性。当时，有一名工人，不是大家认为的“灵活聪明人”，但是他干活认真、负责、可靠，老吴在开大会时，点名肯定该员工“是我们生产工作需要的人!”

时光荏苒，岁月变迁，在国家大战略的背景下，民品生产的记忆已经远去。之后我进入了三所分析组，当时，我们组就3个人，孙亮是组长。我觉得他身上颇有点“老吴”的精神，孙亮的专业是物理，与化学一点边都不沾，可是在我进入三所时，他已经对化学分析和工艺研究颇具造诣了，从他的工作中发现，他特别善于学习，脑子快，思想灵活，善于钻研，也乐于钻研。当时的大实验，需要建溶解生产线，我们组负责其中的一部分，工作任务重，技术细节多，他负责的萃取部分不但设计了整个工艺，还学习了设备的制图和控制程序的维护维修，是这个工艺的“大拿”。

孙亮在工作中同样具备忘我工作，乐于奉献的精神。记得大实验倒班的时候，他经常下了夜班还要加会班，进行现场问题的指导。有一次，上完夜班，他已经回家了，我们在工艺运行中，发现控制有问题，就打电话给孙亮，他不是让我们找外协解决问题，而是急匆匆地又赶回来查找问题，等问题解决了，大半天已经过去了，感觉他已经疲惫不堪了。

老吴和孙亮的精神，不正是我们讲的“事业高于一切，责任重于一切，严细融于一切，进取成就一切”的核工业精神！正是有千千万万这样的领导和员工，他们不管身处何种岗位，不管从事的是大的项目，还是具体的细小工作，都能在工作中勇于承担责任，愿意俯下身子从头学起，乐于为了工作不怕苦、不怕难，乐于从不同角度、不同方向共同奋斗着，才造就了我们的核工业精神。也正是核工业精神在他们身上不断地延续，不断地发扬光大，在不起眼的地方共同发力，众志成城，才铸造了我们伟大的事业！

核理化院的传承与成长

八所　张旭

在核理化院八所（原八室）这片充满智慧与汗水的土地上，每一个踏入这里的年轻人，都怀揣着对知识的渴望和对科研的热爱。我，张旭，便是这众多追梦者中的一员。自 2005 年底踏入这片科研圣地，我的职业生涯便与这里紧密相连，与那些在我成长道路上给予无私指导的师兄弟们，尤其是我的“大师哥”——王建军，共同编织了一段段难忘的师徒情缘。

初到八所，我被分配到专用装备主机装配岗位，那是对物理、化学及机械知识综合应用的一个挑战。然而，命运似乎并不满足于将我局限于这一领域，2007 年，我有幸调整到原运行组（现 802 室主工艺专业），开始了我的主工艺试验岗位生涯。这个转变，对我来说，既是挑战也是机遇，它让我有机会接触到更多跨学科的知识，也让我遇到了生命中重要的导师——王建军。

那时的王建军，年仅 30 有余，却已在试验岗位上历练多年，是公认的“多面手”。他技术精湛，对各类试验系统了如指掌，更有着一颗乐于助人的心。在我眼中，他不仅是一位技术高超的同事，更是一位愿意倾囊相授的兄长。因此，在大家的推举下，“王大师哥”的称呼不胫而走，我也欣然以这个亲切的称呼来表达我对他的尊敬与感激。

在共同值班的那些日子里，我和“大师哥”几乎形影不离。我们从日常生活的点滴聊起，到对计算机技术的深入探讨，再到工作中每一个细节的操作步骤、注意事项，甚至是异常现象的分析与处理，他都耐心细致地向我传授。我至今还记得那个大夜班，他带着我在新建的独立小试验系统中穿梭，从晚上 9:30 一直到凌晨 3:00 多，他一一讲解各个专业间的配合与相互关系，那份专注与热情深深感染了我。那一刻，我深刻体会到“术业有专攻”的同时，也感受到团队合作的重要性。

虽然不久后我们因工作调整而分开值班，但“大师哥”的影响却如影随形。在之后的 14 年间，我不仅在主工艺领域深耕细作，还努力拓宽自己的知识面，掌握了供取料系统、辅助系统乃至配电系统的相关知识，逐步成长为值班工程师、值班长。这一路上，我始终铭记“大师哥”的教诲，不断学习，不断进取。

2020 年，随着重大工程项目的推进，我和“大师哥”再次聚首，共同投入到项目现场试验的紧张工作中。这一次，我们面对的不仅是技术上的挑战，还有生活条件的艰苦和工作环境的复杂多变。然而，这些都没有难倒我们。在所领导的正确指导下，我们团结一心，互相扶持，一次次出色地完成了试验任务。在现场，我们既是同事也是战友，更是师徒，他依然毫无保留地传授经验给我，我也在实践中不断积累新的知识和技能。

如今，我已能够独当一面，带领 801 室试验组的同志们完成各项试验任务。在实验室自动化提升改造的过程中，我仍然保持着向“大师哥”学习的热情，不断探索和尝试新的技术和方法。同时，我也开始将自己的经验和知识传授给新入职的年轻同志们，帮助他们尽快融入团队，掌握试验技能和分析能力。我深知，这份传承不仅是对技术的传递，更是对科研精神的传递。

在核理化院八所这片热土上，“师与徒”的故事每天都在上演。我们虽然没有明确的师承关系，却都在为科研工作的顺利开展贡献着自己的力量。我们携手并进共同为核理化院更加辉煌的明天添砖加瓦。而我与“大师哥”的故事只是这众多故事中的一个缩影，它见证了我们的成长与蜕变，更见证了我们之间那份深厚的师徒情谊。

传　承

五所　杨梅

“又该写青年论文了，你们年轻同志一定要积极参加，增强创新能力、多锻炼演讲能力，多参加活动多交流，对大家成长有很大的好处，别等到该升职称了才想起来写东西！”跟部门年轻人脱口而出的一句话，感觉似曾相识，瞬间把我的记忆拉回到了十几年前……

我是2006年入院的，被分配到档案室从事档案管理工作。记得那时是杨德萍同志带着我，算是我的师父。她教会了我很多东西，让我这个职场新人对工作、对责任、对奉献有了更深刻的认识，至今影响着我。

记得工作第一天，我刚进入档案室，古老的陈设和老旧的装修就映入眼帘。果绿色的墙围漆，黄色油漆的门框、窗框，浅绿色油漆的木门，门上黑黑的大锁头，以及头顶那轻轻一转就吱吱作响的吊扇，还有那些宽大的已经磨出实木光泽的工作桌案……，这一切设施的陈旧，似乎在悄悄地告诉我这个部门不受重视的程度。当时我的心里就是一沉。可能是杨德萍同志察觉到我的失落，在谈话中得知我是学生党员后，语重心长的一席话改变了我的想法：“你是一名党员，能来到院档案室工作是党组织对你的信任。你知道吗，院档案室存放着建院以来所有专用装备及其他相关领域的档案资料，这些都是几十年来科研人员呕心沥血的结果，是我们院无比宝贵的财富，我们在这里管理着它们，必须加倍认真，加倍负责，不能让这些档案资料出任何问题。在这里，如果没有责任心和敬畏心的人，是干不了的。档案室的工作虽然普普通通，但是却无比光荣！”短短几句话，我体会到了我将要从事的这份工作的重要性和使命感，也明白了身为党员的责任。在我看来这份闪着荣光的工作是怎样的工作环境不再重要了，重要的是我要干好它，我有责任干好它，不容有失！这可以说是我工作以后，杨德萍同志给我上的第一堂党课。

不久后我在一次与其他同志电话沟通工作时态度比较生硬，一副公事公办的态度。放下电话后，杨德萍同志就语重心长地对我说：“孩子，在咱们院工作不能这样的态度与同事沟通。咱们不像私企、外企，他们人员流动大，也许今天是同事，明天就离职。咱们同事大多数都是在院一干就是一辈子，以后会经常打交道，工作中常常需要互相配合协作。你以后再沟通工作时一定要注意语气和态度。一个单位有一个单位的工作作风，而团结协作就是咱院工作作风中的一个重要方面，要注意团结同志，共同把工作做好。”

2008年杨德萍同志退休了，她对我的谆谆教导中没有什么听起来“高大上”的“大道理”，都是一些普普通通的叮嘱，可这些朴实无华的叮嘱一直回响在我耳边。18年了，时时提醒着自己：工作要尽职、负责，无愧于心、无愧于党员身份；工作安排到了我这里，不论是不是自己的分内事，都要事事有着落；自己虽然不是科研人员，但努力做好服务工作尽力服务科研，服务大局；尽己所能积极配合其他人职责，团结协作共同把工作做好。

直到现在，我已步入中年，也成为了很多年轻人口中的“老姐姐”，我也会不自觉地把当年杨德萍同志对我的教导和叮嘱传递给新参加工作的年轻人。随着院的科研生产的不断发展和院所改革的逐渐深入，我们的工作环境、工作方式、工作节奏、工作内容都有了很大的变化。但我想再怎么变，刻在记忆里、融在习惯里、传承在行动里一代代核理化人的工作作风、工作态度不会变，对科技创新的孜孜追求、对核工业美好未来的灼灼憧憬、对核理化院的脉脉深情不会变。

榜样的力量

工程管理中心　孙娜

从1964年到2024年，甲子岁月，见证了核理化院的发展历程，全体核理化人用汗水浇灌梦想，用实干诠释担当，无惧挑战，敢为敢闯敢干敢首创，奏响研产融合高质量发展的磅礴乐章。60年里，在核理化院这个大家庭里，涌现出了许许多多值得我学习的榜样。他们像一面面旗帜，像一座座灯塔，在自己的岗位上，赤诚坚守，无私奉献，执着担当，为核理化院的发展，做出了不可磨灭的贡献。

以榜样为灯塔，照亮前行的路。心中有信仰，脚下有力量。老一辈核理化人将毕生精力倾注于核工业事业，他们以实际行动树立起科学精神的典范，践行对祖国的铮铮誓言。我国著名的物理学家王承书院士，是我国铀同位素分离事业的理论研究工作的奠基人。她突破封锁毅然回国，隐姓埋名30余年，一生三次“我愿意”，服从党和国家的安排，投身于核事业，她无论在理论研究、技术攻关，还是在人才队伍建设上，科学严谨，兢兢业业，为我国核工业的创建和发展，艰苦奋斗了38个春秋，为我国核科技事业作出突出贡献。她将一生所积累的技术资料和书籍全部赠予核理化院，将自己节省下来的近10万元积蓄分别捐赠给“希望工程”和交最后一次党费，这是一种多么高尚无私的品格与情操，值得我们永远尊重和学习。很遗憾没有亲历那段岁月，但看着王承书纪念馆中她留下的珍贵手稿，又感到她就在我们身边，激励着新一代核工业人砥砺前行。

以榜样为“明镜”，检视自身不足。观于明镜，则疵瑕不滞于躯；听于直言，则过行不累乎身。榜样是新时代的精神样本，是看得见的哲理。向“全国五一劳动奖章”获得者张世军学习，他坚持心怀“国之大者”，始终不忘投身核事业的初心使命，自正其身，扎根生产一线不懈奋斗，不断提高自己能力，为核理化院/公司技能人才队伍建设架梯子、搭台子，创造成长平台和良好环境，聚力突破更多重大工艺技术难题，在技能传承中，大力弘扬劳模精神、劳动精神和工匠精神。向院各创新工作室领衔人和青年技能人才学习，他们崇尚学习、崇尚创新、崇尚劳动，他们在合作交流中弥补不足，充分发挥“整体协同”优势，有着极强的改革创新意识。向榜样学习，就要有“检身若不及”的自觉，在深学细照笃行中正视自己的缺点和不足，不负韶华，只争朝夕，刻苦钻研，积极开拓创新，勇攀技能高峰，在技能报国、担当作为中实现人生价值。

以榜样为“标杆”，汲取奋进力量。“路虽远，行则将至；事虽难，做则必成。”向榜样学习，要拿出“拼”的精神，“闯”的劲头，“实”的作风。向中国青年五四奖章、天津市优秀科技工作者称号获得者姜磊同志学习，用心谋事，精心干事，专心成事，以“千磨万击还坚韧”的韧劲和“不破楼兰誓不还”的决心，争做党和国家事业的不懈奋斗者。他是核燃料专用装备领域青年一代领军人物，他坚持核科技自立自强，带领团队打破国外技术封锁，创新相关装备保护系统设计，取得重大突破，填补国家技术空白；主导优化装备保护系统，指标提升20%以上，保障示范工程启动。他扎实推进相关装备总体设计、动力学理论与试验创新，刻苦奋战在国防科研第一线，重点参与、负责基础科研、核能开发、国家级高层次人才项目 10 余项，一个个成果的背后，是他为实现核科技自立自强目标不懈奋斗的身影。他的事迹在同事间传颂，激励院团员青年勇作走在时代前列的奋进者、开拓者、奉献者，为打造“一体两翼三专七新”科产发展新格局贡献磅礴青春之力。

榜样就在身边，要汲取榜样精神，今日聚光灯下的瞩目是他们用多少个日夜的辛勤付出换来的，今天的傲人成绩是他们攻破多少个难题才取得的。虽然我所在的岗位很平凡，但作为一名核工业人，更要“脚踏实地”，发扬斗争精神，提高斗争本领，直面困难，对待失败百折不挠，精益求精地做好本职工作，时刻牢记核工业人的初心和使命，坚定对核事业的热爱和执着，在平凡的岗位上贡献力量。

水塔守护者的坚守与传承

保障服务中心 刘帅

在核理化院的西北侧，矗立着一座已经使用了六十年的建筑物，一座见证了核理化院的发展和变迁的水塔，它不仅为科研生产提供了源源不断的水源保障，更记录了无数后勤保障人的辛勤付出。六十年间，这一群默默无闻的人，用自己的持续坚守和无私奉献，保障了科研生产的顺利进行，成为了科研生产线上不可或缺的一环。他们每天 24 小时倒班，无论节假日，都坚守在自己的岗位上，确保核理化院供水的正常运行，为科研生产保驾护航。

值班工作并不轻松。每天早上 8 点，他们都会准时来到水塔交接班，开始一天的工作：检查水塔运行情况，确保所有设备都正常运转；记录当天的供水参数以及水塔的水位变化——这些数据对保障供水的稳定和安全至关重要。

为了保障广大职工饮用水的安全卫生，他们定期对水塔进行清洗、消毒、维修和检测，确保水质达标。他们还随时应对各种突发情况，如停电、停水等，确保水塔的正常供水。他们的工作既辛苦又枯燥，但他们从未放弃。

工作中，水塔值班人员面临着许多艰苦和困难。夏天，他们需要在高温下工作，汗水浸湿了他们的衣服，但他们依然坚守岗位，确保水塔的正常运行；冬天，他们需要在严寒中工作，双手冻得通红，但他们依然毫不退缩，保证水塔的安全。无论是酷暑还是严寒，无论是白天还是黑夜，无论是节假日还是休息日，他们都始终坚守在岗位上，默默地奉献着自己的时间和精力。有时候，他们也会遇到一些突发情况。比如，水管爆裂、设备故障等。这时候，他们必须立即进行处理，确保供水的正常运行。有时候，他们甚至需要在寒冷的冬夜，脚下踩着冰冷的泥水，迅速进行抢修。尤其在春节这样的重要节日，当家人围坐在一起享受团圆的喜悦时，他们却要独自一人守在水塔旁，确保供水的正常运行。每年的春节，他们都能听到远处传来的鞭炮声和欢声笑语，那一刻，孤独和思念如潮水般涌上心头。但是，他们知道自己肩负的责任，知道核理化院需要他们，这份坚守让人感到自豪。

水塔值班室的一面墙上，挂着一张值班表。上面写着每个值班人员的名字和值班时间。这些名字随着时间的流逝而变化，但是水塔依然屹立、见证着这一切。他们的工作虽然平凡，但是他们的付出却可以让整个核理化院的人都能用到干净、安全的自来水。他们的故事，虽然平凡，一如他们守候的水一样平淡无奇，但却是核理化院的重要保障。值班室的另一面墙上，挂着各种奖状和荣誉证书，这些不仅是他们辛勤工作的见证，也是对他们对值班工作肯定的体现。这些奖状背后，是无数次深夜紧急抢修的紧张繁忙，是无数个节假日无法与家人团聚的耐心坚守。这些荣誉，是他们默默无闻、无私奉献的最好证明。

2023年，随着科技的发展，这座水塔进行了升级改造，实现了自动控制，无人值守。水塔值班人的岗位也随之发生了变化，他们从直接守护者转变为远程监控和技术支持的角色。尽管他们的工作方式发生了改变，但他们的奉献精神和责任感并未减退。他们通过先进的监控设备，继续守护着水塔的安全运行，确保科研生产单位的用水需求得到满足。

他们的无私奉献不仅体现在的工作中，还体现在他们的精神风貌上。他们默默无闻，无私奉献，用自己的实际行动诠释着什么是责任和担当。他们不求名利，只求能够为核理化院的科研生产做出自己的贡献。水塔的墙面已经斑驳，岁月在它的身上留下了深刻的痕迹，每一道裂痕、每一片剥落的油漆，都似乎在诉说着过去六十年的故事。它——曾经是核理化院最重要的建筑之一，人们远远地就能看到它矗立的身影；它——现在成为核理化院一个标志、一个方向、一个永恒的一印迹。

“强核报国，创新奉献”新时代核工业精神是核工业人在新时代背景下的精神理念。它要求我们以国家利益为重，勇于创新，无私奉献，为核工业发展贡献自己的力量。水塔守护者虽然工作平凡，但他们始终坚守着这一精神，用自己的实际行动为核工业的发展做出了贡献。他们的无私奉献和坚守，是对“强核报国，创新奉献”新时代核工业精神的最好诠释。

创新奉献“参与者”

保障服务中心　郭云子

有一种信仰，经时代变迁风雨如磐，历久弥新；有一种力量，任时光雕琢千锤百炼，超然卓越；有一种进步，凭风雨变换驭势乘风，顺而有为。在核工业理化工程研究院成立 60 周年之际，也是我有幸在核工业理化工程研究院工作的第五年，我衷心地道一声感谢和祝福。

五年艰辛，始于热爱。我也从一个初出茅庐的大学生，成长为一名核理化人。从“问”路人，到“赶”路人，核理化院在核工业时代的卷轴中书写了浓墨重彩、彪炳史册的篇章。我幸运地成为她的一员，一路摸索、一路前行。

来自小城市的我，是一名“核三代”，从长辈那里开始，就对自己父母所从事的工作感到神秘而神圣，我的母亲从不谈论自己工作的内容，总是看到她挑灯夜读，一直在努力学习。年幼的我以为这就是工作，世界上的所有工作都应如此低调、缄默。

随着年龄的增长，阅历逐渐丰富，我才明白母亲和外公每一次的讨论、研究，都是在针对这一项神圣的工作，如今年过八旬的外公依然记着曾经的班主任对他说的话：“以后你去了那边好好工作，这是一项国家重点项目，奉献自己的青春报效祖国。”20 岁刚大学毕业的外公只身前往大西北，就是为了国家核工业而奋斗，为了让国家强大而奋斗。

21 岁的我和 20 岁的外公记忆重叠，这一刻，六十年前的纸飞机终于飞回了我手里，我也要为了核工业而奋斗终生。刚入院时，我就被综合楼内的雕像所吸引，那尊雕像恬静温柔却又充满力量，每每和她对视都感觉她在冲我微笑，在前辈的介绍下，我知道了她就是我国著名工程物理学家和物理学家王承书院士。纸上得来终觉浅，核理化院编排了王承书院士的同名话剧，作为新员工观看到如此精彩、励志的话剧，也使“王承书精神”深深扎根于我心。

作为一名核理化人，我为王承书“隐姓埋名三十载”的精神所打动；作为一名女性，我为王承书身上不屈不挠的精神和性别从不是限制自身发展的原因所感动。王承书院士是我的榜样，每当我站在她的雕塑前与她对视，我就能感受到那股属于核理化人坚忍不拔的毅力和为核工业奉献一生的魄力。

长辈教诲、优秀前辈的事迹无一不在激励着我，让我时刻品味着核工业发展路上的艰难与蹉跎，深刻明白了责任在肩的荣光与不朽，这就是青春该有的样子！

初出校园进入社会的我正值我院“一院两制”改革开启，为了响应我院“一院两制”改革号召，我同所在部门积极配合，作为保障部门的员工，主动积极发现各类保障中存在的问题隐患，为双区联动和院区改革转型贡献自己的力量。

这些年，核理化院以点带面、整合资源、统揽大局，以打造“世界一流同位素材料研发中心”为目标，用心开拓新领域，在改革转型中走出高质量发展的提升之路。

冬去春来，当我加入核理化院成为一名核理化人后，我才理解先辈们强核报国、创新奉献的执念。作为核理化院的青年职工，作为核理化院保障部门的职工，深入贯彻落实集团“整体·协同”年的各项任务目标，加强单位部门之间的联动。要立足岗位，胸怀鸿鹄之志，有目标，脚踏实地珍惜宝贵的学习实践机会，始终保持清醒的头脑和积极的心态，助力在我院以后的改革创新中迎接更多的挑战和机遇。

风雨兼程，一甲子造就国之栋梁；潜心奉献，六十年博得卓越贡献。六十年院庆，不仅是隆重热烈的庆典，也是核工业发展历程的里程碑，更是六十年来核理化人坚持初心、齐心共进的勇毅担当。岁月虽已逝，余音仍犹存。沉淀下来的是时空的印记、是先辈们留下来的经验结晶。回顾过去，核理化院经历风霜雨雪，取得骄人成就；展望未来，核理化院依旧慷慨以赴，依旧坚定初心不忘使命。

耳濡目染，我是强核报国的“亲历者”；踏歌而行，我是改革转型的“见证者”；召唤使命，我是创新奉献的“参与者”。我们的品质在核理化院得到升华，我们的意志在核理化院得到锤炼，我们的学识在核理化院得到锻造；我们正在核理化院的陪伴下成长，我们必将肩负起建造核工业美好未来的使命，在同一个阵地，共同守望核理化院的荣光，铸造下一载芳华。历尽天华成此景，人间万事出艰辛。无论走到哪里，无论面对何人，我都会自豪地告诉他：我是核理化人！

在时光的倒影中仰望星空

采购中心　张玉

在那悠长岁月编织的璀璨时光倒影中，2024年不仅是一座里程碑，标志着中华民族在广袤大地上辉煌历程的又一个重要节点——七十五载春秋的壮丽庆典，它更是中国科技史上一颗耀眼星辰的璀璨闪耀，是首颗原子弹成功爆炸六十年纪念日的辉煌见证。这一年，不仅是对国家实力与科技进步的颂歌，也是无数科研工作者默默奉献、不懈追求精神的集中展现。在这片被荣耀与梦想照耀的土地上，核理化院，这座科研领域的巍峨殿堂，以其独有的坚韧与智慧，迎来了它甲子轮回的辉煌时刻。六十年风雨兼程，六十年春华秋实，每一缕晨光与夜幕下的灯火，都见证了这里智慧与创新的火花如何汇聚成照亮未来的光芒。

作为这段宏伟历史乐章中一名微不足道的演奏者，我常常在夜深人静时，让思绪穿越时空的隧道，感慨于时间这位无形却伟大的雕刻家，如何以它那永不干涸的灵感之泉，在我们每个人的心田细细雕琢，留下了一道道深刻而不朽的记忆痕迹。这些记忆，如同被历史风霜轻轻抚摸过的老照片，虽已泛黄，却依旧鲜活如初，它们不仅是关于科技飞跃与科研突破的编年史长卷，更是关于人性光辉、友情温暖、梦想追逐与坚持不懈的动人诗篇。

回溯至2006年的那个春意盎然的季节，我怀揣着对未知世界的好奇与对科学殿堂的无限向往，踏入了核理化院那扇厚重而庄严的大门。那一刻，我仿佛是一颗刚刚破土而出的嫩芽，带着对阳光雨露的渴望，准备在这片科研的沃土上奋力生长。而命运的巧妙安排，让我有幸邂逅了四位来自天津的姑娘——贾国莹、王津、翟冬、杨梅，她们如同四朵不同色彩却同样绚烂的并蒂莲，各自绽放着独特的魅力，却又在科研的广阔天地中紧紧相依，共同书写着属于她们的青春传奇。

那些年，我们一同走过了从青涩稚嫩到成熟稳重的蜕变之路。初入科研领域时，我们都像是迷失在茫茫大海中的小船，面对浩瀚的知识海洋与未知的科研挑战，心中既有激动也有迷茫。但正是这份共同的迷茫与探索，让我们彼此之间的纽带更加牢固。我们相互扶持，共同进步，在无数次的失败与尝试中积累经验，在每一次成功的喜悦中收获信心。贾国莹的严谨治学，如同一盏明灯，照亮了我们前行的道路；王津的坚韧不拔，则是我们面对困难时最坚实的后盾；翟冬的机智灵活，总能在关键时刻提出创新的解决方案；而杨梅的热情洋溢，则为我们的科研生活增添了无尽的色彩与活力。她们的性格特质，就像四种不同的色彩，交织在一起，绘就了我们青春中最亮丽、最动人的风景。

“哏儿”都女孩特有的乐观与豁达，让我们的科研团队充满了欢声笑语。在那些紧张而充实的日子里，我们学会了用天津人特有的幽默感来化解压力，用智慧与勇气去战胜一个又一个看似不可逾越的难题。夜晚的实验室里，灯火通明，我们并肩作战的身影成为了彼此最坚实的依靠；成功时的欢笑与泪水交织在一起，成为我们心中最珍贵的记忆。那些日子，虽然艰辛却充满了希望，虽然平凡却孕育着伟大。

转眼间，十八年如白驹过隙，我们已从当年的青涩少女成长为各自领域的佼佼者。岁月在我们身上留下了痕迹，却带不走我们对科研的热爱、对彼此的深情厚谊以及对核理化院这片土地的深深眷恋。我们深知，是这片土地给予了我们成长的土壤，是这份事业赋予了我们奋斗的目标与意义。因此，无论未来道路如何曲折坎坷，我们都将不忘初心，继续前行。我们珍惜每一次相聚的机会，分享着彼此的成长与收获；我们坚定地走在科研的道路上，用我们的智慧与汗水继续书写核理化院的辉煌篇章。

回望过去，我们心怀感激；展望未来，我们信心满满。愿时光能够温柔以待我们每一个人，让我们的青春记忆永不褪色；愿岁月悠悠流转中我们依旧能够保持那份纯真的初心与不变的梦想，携手同行在这条充满挑战与机遇的科研道路上，共同绘就一幅幅更加绚丽多彩、更加辉煌灿烂的人生画卷。我们相信在不久的将来，核理化院乃至整个中国科技界都将迎来更加辉煌的明天，而我们也将作为这段历史的见证者与参与者为之贡献自己的力量与智慧。

三院印记

第三章

峥嵘岁月　不忘初心

难忘一九六四

退休职工　李望

1963年，没有几天就到春节的时候，原子能研究所六一五研究室党总支副书记王承书找我谈话，说有紧急任务叫我赶赴上海。同去上海的还有清华大学工程物理系毕业的程平东、中南矿冶学院粉末冶金系毕业的余北樑。我们立即去部里开介绍信、买车票、打点行装，奔赴中科院上海冶金所报到。

当时，国家正在开展原子弹研制工作，为研制气体扩散法分离铀同位素的关键部件——分离膜，由中科院上海冶金所牵头，复旦大学、原子能研究所、中科院沈阳金属研究所参与，组建了上海冶金所十室。十室内设三个组，分别是原料组、工艺组、化学（测试）组，冶金所副所长吴自良任室主任兼技术总负责。

组织给我的紧急任务就是参与分离膜研制工作。来到上海冶金所十室报道后，我被分到了三组。组长李郁芬是从复旦大学过来的，她也是吴征铠教授的大弟子。进组后，我接到的第一项任务就是净化水银。当时工作中需要水银的地方多、用量大，用过的水银会有油污和金属杂质污染。我和程平东一起，通过蒸馏法完成了几十千克水银的净化工作。随后，我开始跟着做电镜测试，观测埃或纳米级原料粉的形状粒度。随着研究工作的不断深入，我们做电镜和X射线试验的几个人，从三组分离出来，成立了第四组，组长由吴自良兼任。

因为我们研究的对象是埃或纳米级的极微小材料，所以每一步都离不开X射线电子显微镜，这就是我们的眼镜。最初我只负责电镜试验，后来吴自良同意了我的申请，允许我既做电镜试验也做X射线试验。

经过一年的日夜奋战，分离膜的研究已经有了较大进展，研制进入重要阶段——焊接。焊接由中科院沈阳金属所来的专家进行，最后的焊接规范由吴自良敲定。

要想明确焊接规范参数，必须要进行X射线探伤检查。当时所内没有合适的探伤设备，基于样品的高度保密性，也不能拿到外面去做探伤。综合考虑后，吴自良决定自己动手在所内完成这个检测。

1964年元旦的晚上，大家都放假回家。吴自良带队，我们来到了安静的冶金所大楼，打开了放着捷克进口X射线源装置的实验室大门。我们要用这台设备，对焊缝进行X射线探伤检查。

平时我们做X射线实验的时候，射线从窗口出来或者直接通过相机照射到样品上，或者经过一套光阑或窄缝系统把X射线准直并限定在窄小范围内。这样做实验，人不会接受大剂量辐射，对身体是安全的。但是，我们要用这台X射线机对焊接样品进行探伤检查时，由于光阑系统碍事，我们要把它拆掉，让X射线从大窗口出来直接打到焊缝样品上。尽管我们三人都挂上铅橡胶围裙，带上了铅玻璃眼睛，但直接从窗口出来的X射线，以及通过样品散射而出的X射线剂量有多大，会对身体造成怎样的损伤，我们几人心里都是清楚的。

这是研制工作的关键一步。为了争分夺秒，就在1964年元旦夜晚，我们完成了对使用不同参数焊接样品的探伤检查。随后，吴自良根据焊缝X射线探伤检测结果，确定了焊接工艺规范。这个夜晚，我至今难忘。

1964年的五一假期，研究室安排大家休息放松。室里租来2辆大巴，大家一起去苏州虎丘、太湖边上的灵岩山，还有上海市内的桂林公国、漕溪公园游玩。这是自 1963 年春节后，我们第一次休息。而节后研制工作也进入到新的阶段——拿出完整的分离膜管。

1964夏天，我和孙永清一起把第一批140支分离膜管送至原子能研究所615研究室。之后不久，党中央批准建起了我国首个分离膜制造中试工厂，我国研制的第一批国产分离膜和第一家分离膜中试工厂问世了。

1964年10月16日下午3点，戈壁滩上的一声巨响，震惊了全世界，中国人造出了自己的原子弹。同年，为了深入开展铀同位素分离研究，在渤海之滨天津建立了华北六〇五所，也就是今天的核理化院，我也来到核理化院继续从事科研工作。

1964年啊，难忘的1964!

献礼风波彰显三院担当

退休职工 杨毓克

我一直在想，三院六十年发展历程，靠的是啥？我退休后说的做的，也只是：质量。并把我多年前经历的一次有关质量的故事，屡屡讲给三院的年轻人听。

1977 年 4 月底，我第二次赴四川乐山东风电机厂提供服务。三院作为四号机的设计单位，到生产厂家服务，其职责是对图纸进行解释、保证产品符合图纸技术要求，及时向院汇报四号机生产进度和出现的问题，配合 814 厂完成交货任务。按照部里规定，东风电机厂负责四号机压缩机、电机和总体部件的生产和装配，三院由当时的一室负责驻厂服务。

1977 年 6 月 27 日，溽热来袭，夜晚很难入眠，直到后半夜才迷糊睡着。突然一阵急促的敲门声把我惊醒。招待所李大爷在门外告诉我说：“薛厂长来电话要你马上去一车间开会”。我估计可能是压缩机总装遇到什么急需处理的问题了，不敢怠慢，一边穿衣一边告诉隔壁刚来不久的贺吉光同志，请他一起参加。我骑上自行车先行。我出示证件后匆匆套鞋进到总装车间。一看，薛兆智副厂长正站在待装的半流量压缩机旁，眼睛直直盯着门口。总工穆伟文，检验科长谢强，技术科长谢世强，技术科霍德山、尹双仁，总装车间主任以及 814 厂驻厂代表邹明贵、高彦平均在现场，围成半圆形，总装车间工人在稍远处坐着。

我一进来，薛副厂长马上招呼我到他旁边坐下，并开口说:“我们先来的同志都知道今天在这讨论的问题了，现在就请设计单位表态我们就可以装配了。”什么问题呢？原来总装检验员不同意装配，因为半流量导向器叶片上有一小孔，814厂代表也不同意装配。我仔细查看半流量铸铝导向器叶片上的残缺小孔，在一个叶片靠近顶部有一个不规则的小孔，小孔用紫色记号笔圈注，以示残缺。

我问，“6月22日开现场会时为什么没有提出导向器叶片存在问题？”

技术科老尹说，“当时由刘书记召集，主要讨论七一献礼有没有问题，所以没涉及零部件质量问题。”

“那这个叶片小孔是六车间漏检还是有意放行的？”

技术科老霍马上说，“不是漏检。我们当时考虑时间紧迫，估计不会影响使用，就转到下道工序了，应该先征求设计单位同意，这是我们的疏忽。”

薛副厂长一再强调，“这个小孔绝对不影响使用，并且保证不会出问题，距七一只有四五天了。”

看他着急的样子，大概希望设计单位立即放行。对于残次品，只要设计单位说可用，814厂就验收。

既然都等我表态，我说，“导向器叶片技术要求第一条就是不得有疏松、缩孔、夹渣……”。

薛副厂长不等我说完就打断我的话，“时间这么紧，不影响使用，你就签字吧!我们以后再改进。”

“我理解厂方的心情，但这确实是不合格品。”我坚持说，“不影响使用不能作为放行残次品的理由。我签字可以但必须注明有残缺!”

薛副厂长声音高了，“标注残缺，就等于是次品。既然不影响使用，为什么不签字!”

一时间，会场变成了我俩的争论会。

我说，“即便可能不影响使用，但它不符合图纸要求，属于残次品。”

薛副厂长站起来，声音更高了，“不影响使用，还不签字，这是故意刁难!”

会场一下子陷入僵局。我举例说明我的态度。

我说，“譬如您到商店买个新铝锅，假如锅底磕了个凹坑，这不影响使用吧？商店不折价，按正品卖，您能买吗？”

“这根本不搭嘎!这哪跟哪呀!”薛副厂长站起来，大声斥责：“咱们别扯皮，你同不同意签？”

我的回答是：“注明具体缺陷，我就签!”

我同时征求小贺意见，他表示同意我的意见。

薛副厂长立即宣布:“那就等于不签字。散会!大家回家睡觉。”

他率先大步离开会场。会议不欢而散，我和老尹、老霍及穆总等人面面相觑，与 814 厂邹明贵相视，摇头苦笑。大家郁郁寡欢地走出车间。

天已蒙蒙亮，回到招待所，毫无睡意。我再和小贺商议，苦熬到八点，等小邮亭师傅上班，立即给陈振强主任发加急电报，告诉详情，并一直在小邮亭等了整整一天。直到小邮亭关门之际收到天津急电:“经相关单位协商，同意签字放行，附件注明残缺。”

我立即拿着电报给小贺、814 厂邹明贵看，同时到老尹家中，我们一起去总装车间。他们也接到上级通知，整装待发。我们立即在工序卡上签字，在附件上标注残缺。七一前夕，邹明贵代表 814 厂签收压缩机。

一场风波，就算结束了。

东风厂七一献礼，厂区彩旗飘飘、锣鼓喧天，一片节日喜庆的气氛。我们向三院报喜，三院党委电贺东风厂党委。1977 年 7 月 3 日是个星期天，一场雷雨一扫闷热难耐的天气。午后，薛副厂长来招待所我住的房间，我们促膝谈心很是温馨。

薛副厂长进门就说，“那天发火不应该，我当时压力很大，如果不能按时交货，814 厂不按时付款，广大职工这月的工资就不能按时发放，更别提事先许诺给工友们的奖励了。”

我笑着说，“那您可就罪莫大焉!您是几千人大厂的技术副厂长，我只是一个小小的技术员，我敢和您顶牛吗？不过咱们站在不同的角度，各负其责罢了。”

我们冰释前嫌，一如既往，密切合作，共同为四号机尽职尽责。

是啊，六十年来，三院人正是践行着“责任、安全、创新、协同”的中核集团核心价值观，坚定执着地走过来了，一直走向了一条布满阳光的坦途。

“金婚纪念册”真让我感动

退休职工　孟楚年

光阴似箭，日月如梭，转眼间核工业理化工程研究院成立 60 周年了，60 年来，核理化院的广大职工，艰苦奋斗，砥砺前行，为我国核科技事业发展作出了不可磨灭的贡献！

我于 1970 年分配到核理化院北京分部工作，1980 年分部搬迁至天津，我 1999 年因健康原因提前退休。在核理化院工作了短短的 30 年，但许多往事都永远铭记在我的心中。

王承书院士是我永远敬佩的导师，20 世纪 70 年代核理化院北京分部位于北京房山区的山沟里，工作地点和住宿的地方距离有约 2 公里，由于当年物质比较缺乏，职工生活都比较艰苦，那时王承书院士已年近 60，她与广大职工一样每天奔波于工作区和生活区之间，十分辛苦！可是，她那平易近人的态度总是让我难以忘却。

为了加快专用装备的研制工作，我所在的实验室高价购买了一台检测仪器。由于缺乏人手，我这个刚参加工作不久的青年科技人员也参与仪器的安装调试工作，工作中有大量的英文资料需要翻译，由于当年我学的第一外语是俄语，而第二外语英语的水平很差。为了提高工作效率，我多次下班以后拿着翻译稿去请教王承书院士。王院士住在生活区的 17 号楼，她的宿舍给我的第一印象是很简朴，一张单人床，一张办公桌和一把椅子，每次当我到她的宿舍，她都会很热情地接待我，有时甚至顾不得洗漱就接待我。她坐在床边，让我坐在椅子上，然后逐字逐句地帮我修改翻译稿，她的神情是那么的和蔼可亲，孜孜不倦。他既是一位导师，又像是一位慈母。现在回想起来，我那时候真不懂事，怎么会好意思常常去打扰一个年近60的老专家老母亲呢？那时候我真是年轻幼稚啊！

由于王院士的帮助，我们实验室在黄玉山组长的带领下，检测仪器的安装调试工作得以顺利地进行，这台仪器为后来的专用装备研制工作性能效果的测试分析工作做出了很大的贡献。

20世纪80年代，由于国家财力紧张，减少了对科研的财政拨款，政府提出了科研单位转民品开发的要求，核理化院积极响应政府的号召，在努力完成主要科研任务的前提下，抽调了一部分科研人员从事民用产品的开发工作，陈念念院长、王奎文书记等院领导对民品开发工作都非常重视，除了在人力方面给予大力支持之外，还为民品开发提供充足的场地和资金。

我也参与了十几年的民品开发工作，从十室到五室、六室、计量中心，再从八室到专门从事民品开发的七室。众多科研人员在缺资料、缺装备、无经验、无样机的情况，克服种种困难，成功开发了汽车电子点火器、小麦自动着水机、大米色选机等民用科技产品，先后获得了多项部级科技进步二等奖及国家专利。

尤其在大米色选机的开发推广过程中，张承凯、趙建柱、苟海平、高红为组长的科研小组的科研人员，经常加班加点，不计时间，不计报酬，把项目拆分到人，落实时间进度，在不到一年的时间内研制出了色选机的样机，并通过了国家级的鉴定投入批量生产，陈念念院长亲自为来院参访的客人讲解色选机的开发情况，王奎文书记和李嘉尧副院长等领导都亲自参加鉴定会和推广会，为色选机得以在全国推广使用助力。

在色选机的推广使用过程中，高根祥、张占军等优秀职工，不辞辛苦奔波在祖国的大江南北，北到齐齐哈尔，南到广东湛江，为广大的色选机用户进行调试维修等工作。在短短三五年时间里，色选机等产品销售到国内十多个省市，为核理化院赚取了近 500 万元的民品收益。

如今，我从核理化院退休已经 20 多年了，在核理化院工作的 30 年时间里，尽管我只做了一些微不足道的工作，但核理化院却给了我很多很多，我两次获得部级科技进步奖二等奖，1998 年 2 月中国核工业总公司给我颁发“中青年有突出贡献专家证书”和“享受国务院特殊津贴证书”。2023 年负责离退休工作的吴增文同志也没有忘记我这个 80 老翁，为我特意制作精美的“金婚纪念册”，真叫我感动得声泪俱下！我禁不住要高喊“核工业理化院！我永远爱你！”。

难忘的记忆

退休职工　赵传灵

“农业，农业站到了！”十七路公交车停在离单位不远的站台前。为何不是华北六〇五所，而是农业？报到后得知，02单位（核工业部）在接收成立六〇五所之前，本单位是农业机械厂，生产拖拉机，据说毛主席到厂视察过。售票员还习惯叫“农业”。

1969年，部办院校200多名毕业生，满怀激情来到天津，分配到院里各个部门工作，我也是其中一员。转眼五十多年过去了，迎来建院六十周年大庆，回想过去的点点滴滴，感慨万千。

1976年7月28日深夜，唐山大地震时，4号机正在进行机组考核试验，突然房顶掉落，下起暴雨，停电停水，大厅一片漆黑……值班人员刘定鉴、屠杭、刘运勤等借着微弱的手电光，冒着余震迅速进行各种重要操作，防止物料泄漏，减小事故带来的损害。从那一刻起进出大厅的时间和操作都要准确记录在值班记录本上。

1979年4号机定型，这是全院同志努力的阶段性成果。记得运行组工程师张墨松同志负责真空干燥、热处理等重要工作，因劳累过度得了胸膜炎还在坚持工作。定型奖金发下来大都几十元，但这是对科研成绩的肯定，更激发了同志们的斗志，多年的疲劳一扫而光，此事让我难以忘掉。

1996 年春，专用装备正在 24 米大厅进行考核试验。为扩大试验做准备，改造通风管道不慎出现火情，浓烟滚滚。此时正是周末，住在附近得知消息的同志自觉赶到大厅，和值班同志一起处理事故，迅速找到起火点并马上处理好，保证了机器的正常试验运行。室主任韩宝通、化工人员刘国祥等忙碌的身影至今令人难以忘怀。

前几年疫情期间，大厅工作人员经常回不了家，不少同志连续坚守岗位，没有人叫苦叫累，这种爱岗敬业的精神，让人为之动容。

单位名称不管叫六〇五所还是第三研究院或核工业理化工程研究院，大厅试验的核工业人努力拼搏求实创新的精神没变。在岁月的长河中，可能记不得你是哪一个，但伟大的祖国不会忘记默默奉献的你我。核工业的发展和赶超世界先进水平的进程中离不开你我，我们就是奔腾的江河里的浪花朵朵。

陈念念关心情报工作二三事

退休职工　席学武

1991年1月，陈念念被上级任命为核工业理化工程研究院副院长。主管科研工作，分管情报工作。

当时，情报组的办公条件不太好，因为资料多，虽然每个人的办公桌旁边都有书架，但都放的满满的。因为缺少必要的书柜，许多字典和宝贵的国外资料，有的放在凳子上，有的放在地上，办公室显得很凌乱。以前多次打报告，希望添加几个书柜，但因经费紧张，一直没有批。

陈念念担任副院长后，到情报组调研，看到办公室里到处都堆放着资料，就对情报组组长黄兆欣说："老黄呀，情报是科研工作的尖兵，你们的条件也太差了，虽然咱们的经费比较紧张，但改善必要的条件，这钱还是需要花的。"同时，对陪同的情报室主任张俊章、副主任郝玉林说，你们赶快打报告，给他们改善条件。后来办公条件改善了，我们利用这些资料，编辑了《国外铀浓缩技术图集》，图集的编撰，对我们的科研工作起到了重要的参考价值。

我们的科研工作主要是进行工程研究，而进行工程研究就需要许多国外的先进资料，除了研究报告，科技论文、专题会议文集、政府报告、产品资料、会展资料、期刊、专刊外，一个重要的信息来源是专利资料。对我们最有用的是德国专利、俄罗斯专利和美国专利，这涉及德语、俄语和英语。用得比较多的是《化学文摘》等几种检索工具，但检索起来非常麻烦，每期都要看，有用的资料很少，不看又怕漏掉有用的。因此，当时的情报人员的一项重要工作就是检索。后来，听说国防科工委情报所从国外进口了一套德温特专利检索系统，查国外专利十分方便，但需要专线连接。当时，陈念念已经担任院长，工作繁忙。经过当时的情报室主任张连合的努力沟通，陈院长很快就批准了给我们情报室一条专线。

与国防科工委情报所联网后，我们检索专利的速度加快了。不同文种之间也没有语言障碍了。按申请单位和分类号进行检索，检索出对我们的科研工作有重要参考价值的专利文章 20 多篇。对院科研工作中遇到的难题，提供了解决难题的思路，保证了科研工作的正常进行。

在国防科工委情报所的检索系统中，还能方便地查出美国政府报告库中有用的科技报告。科研人员开阔了眼界，情报人员从繁重的检索工作中解放了出来。后来，我们集中精力编写了 30 多集《国外科技信息调研》，对我院相关科研和民品需要的国外资料进行翻译、整理、总结，受到了科研人员和民品开发人员的好评。后来，陈院长高兴地对我说："给你们多花些钱，很值得！"

在我院的民品开发过程中，发生过一起国际纠纷。20 世纪 90 年代初，瑞士布勒公司在我国申请了 2 项专利，因此，状告我院生产的 4 辊磨粉机和新开发的 8 辊磨粉机侵权。当时负责民品工作的副院长翟绍源同志很着急，不知道怎么应对。后来，我们提出把它们申请的专利否定掉，就不存在侵权了。翟副院长说"让咱们的专利局自己否定自己，恐怕不好办，但这是一个办法，可以试一试。"随后就责成院里的法律顾问胡恩河同志和我到北京国家专利局，找到从我院调出的高玉滨同志，高玉滨同志听了事情的经过后，认为这事情可以办。但要密切关注中国专利的变化，不但要准确，更要全面，并且向我们推荐了一套供专利局审查员用的《中国专利检索系统》。从北京回天津后，我们向翟副院长进行了汇报，并提出购买《中国专利检索系统》的事情，翟副院长讲，因为是临时计划，要与陈院长进行沟通。第2天，翟副院长告诉我，陈院长同意了。

我们购买了《中国专利检索系统》后，给我院的民品开发起到了保驾护航的作用。在翟绍源副院长、李文洪副总工程师、胡恩河法律顾问、总公司蒋康铭处长等人的努力下，我院的官司赢了。

在陈念念院长的支持下，我们不但建立了国外专利检索系统，而且又建立了国内专利检索系统。在我院的科研生产及民品开发过程中，在保护知识产权方面，发挥了重要作用。

2003年，陈念念已经不当院长了，在担任院科技委主任期间，对我院的科技情报工作仍然十分重视。对我们编辑的《国外科技信息调研》给与了很高的评价，每期都认真看。一次他到期刊室查资料，路过我们办公室就进去了，看见我和孟泳同志正在编辑《国外科技信息调研》，里面正好有他需要的内容，就问能不能快点印出来？当时，我们的计算机是386，速度比较慢，还经常死机，我们向当时的室领导反映，领导说只能解决显示器，解决不了主机。陈念念主任听到情况后，就说“我现在不当院长了，手里没有多少钱，不过，你们去鞍山西道买个组装机，花不了多少钱，回来我想办法报销。”后来，我们去鞍山西道买了个组装机，编辑的速度加快了。

这些都是20多年前的小事，现在回想起来历历在目。陈院长对情报工作是十分关心的。

筚路蓝缕一甲子，披荆斩棘六十年

——忆专用装备材料研制

退休职工　李金树

在核理化院建院六十周年即将来临之际，我到龄退休了。有些许遗憾与失落、留恋与不舍，但更多的是欣慰与满足、自豪与骄傲。我庆幸自己赶上了一个好时代，有幸参加了我院第一个大规模装备工厂的科研项目的研发过程，并在这个过程中经受住了考验，完成了自己承担的科研任务。带领材料研制团队，与协作单位密切配合，研制成功多项填补国内空白的材料牌号，满足了专用装备对材料的急需。

我全程参与了专用装备的研发工作，并在项目研发开始后不久，担任了材料课题的负责人。由于材料基础工业薄弱，我国研发高科技产品，往往要从基本原材料做起。二十世纪八九十年代，专用装备立项时尤其如此。专用装备所用的材料众多，其中作为设备主要结构材料的铝合金是研制难度最大的。其研制过程充满波折与艰辛。在项目初期曾经有一段时间，设备大比例失效，大家普遍认为铝合金材料不满足设计要求是主要原因。而限于当时国内设备工艺状况，完全看不到短期内获得突破的希望，曾有一段时间不仅材料研究室的人员，好多高层领导都非常担心铝合金材料问题会影响项目的成败。当时陈念念院长曾说“铝合金研制难度，不亚于设备本身”。

1998年，对核理化院是艰难的一年。1997年底启动的机器短时间内大比例失效，经过不同层级的学术研讨会、讨论会，大家普遍认为，设备失效很有可能是铝合金材料的性能不能满足设计要求造成的。研制设备没有可用材料就是要做无米之炊，项目能否进行下去就成为了问题。其实项目开始时大家都估计到了铝合金问题是项目能否成功的关键，为此项目立项的第一时间就将国内研制生产铝合金最强的厂家——东北铝合金加工厂（以下简称“东轻厂”）纳入了研制集团，并将其排在了仅次于核理化院和上海八所第三的位置。而且至1997年时将项目经费的约四分之一都投给了东轻厂的铝合金研制。可以说核理化院为了保证铝合金材料研制成功，付出了巨大的人力物力财力。但由于挤压机和锻造机的落后，东轻厂穷尽所有办法也无法生产出满足设计要求的产品。典型的现状是东轻厂生产的管材壁厚是设计要求的3倍左右，生产的模锻件重量是设计要求的2倍以上。粗重的原材料要加工成薄壁件，不仅增加了加工量，浪费了昂贵的铝合金，使材料的单位成本十分昂贵，根本没有工业化应用的可能性。更重要的是，由于挤压、锻造变形不足，材料性能大打折扣。

然而调研过当时全国所有大型铝合金生产厂，没有一家的现有设备能够生产出满足我们设计要求规格的铝合金管材和模锻件。但材料研究室的同志们没有放弃，最后了解到甘肃陇西的西北铝合金加工厂有一台反向挤压机，虽然吨位不够大，但由于采用反向挤压技术，可以节省挤压力。通过合理设计模具是有可能生产出满足设计要求的管材。此时西北铝合金加工厂的经营状况非常不好，大部分职工上一周歇一周轮岗，甚至部分职工下岗。但我们的项目得到了西北铝厂领导高度重视，在非常困难的条件下，调动各种资源，组织精兵强将，进行科研攻关。在核理化院资金支持有限的情况下积极改进设备，设计模具，进行探索试验。仅用了三四个月时间，在1999年元旦前后，就在这台反向挤压机上用模拟材料生产出了设计壁厚的管材。尽管这个管材的直径比设计需要管材的直径小了 20%左右，但实践证明，通过进一步的改进是完全有可能生产出设计要求规格的管材。这使我们对解决材料问题增强了信心。随后在双方的密切配合下，熔炼，铸造，均匀化，一个个难题不断被攻克。1999 年秋天，当第一根完全按照设计要求生产的管材从反向挤压机的挤压针和挤压筒之间缓缓挤出、壁厚测量合格时，所有人无不欢欣鼓舞。随后又经过预拉伸、矫直、热处理等一系列工艺摸索，经过一年多的艰辛努力，终于生产出了满足设计壁厚要求的管材。更难能可贵的是，在此后不久，多方通力合作，更是铸造成功了空心铸锭，不仅使材料的性能全面满足了设计要求，而且降低了材料的成本，使经济性进一步提高。此后又在材料的成品率稳定性上做了大量工作，终于可以为我们的设备提供性能稳定、质量可靠、经济性好的铝合金管材了，保证了项目的顺利进行。

与此同时，材料研究室的同志们还和北京航空材料研究院合作，历经一年多时间也生产出了满足设计要求的模锻件，在大幅降低了单位原材料价格的基础上，也使材料的性能全面满足了设计要求。至 2000 年，专用装备的铝合金材料问题已经基本解决，为后来扩大设备的加工量奠定了基础，也为设备的最终工业化应用提供了保证。

光阴似箭，日月如梭。如今，用国产材料生产的专用装备已经大规模装备工厂并安全运转多年，而当时参与材料研制的人员大部分已经退休，甚至个别同事已经故去，借此核理化院成立 60 周年之机，来纪念那难忘的岁月和共同奋斗的战友们。也借此感谢曾经为我院的铝合金研制作出贡献的西北铝厂、北京航材院及东轻厂等单位。

时光逐渐远去，精神永远传承。我为在核理化院几十年的经历骄傲和自豪。在核理化院的历史上，我们是承前启后的一代。入院时我们有幸能亲自聆听王承书、钱皋韵院士的谆谆教诲。后来在搞科研的黄金时代，我们有幸在以陈念念为主的老一辈科学家亲自指导下工作。现在，我们高兴地看到核理化院新一代的科研人员人才辈出，科研硕果丰硕，核理化院的各项事业蒸蒸日上。雄关漫道真如铁，而今迈步从头越，六十年一轮回，愿核理化院的明天更加光辉灿烂。

在院工作四十年

——核工业理化工程研究院 60 周年感想

退休职工 黄占江

1970 年初，我从部队复员分配到华北六〇五所（核工业理化工程研究院前身）工作，起初是在四室刘焕章、杨玉兰两位师傅带领下，从事真空检测工作。

同年 3 月，我接到一个任务，参与研究二机部牵头的自动控制项目，项目组共有 18 人，其中有六〇五所 10 人，七院 3 人，814 厂 3 人，504 厂 2 人。在与北京有线电厂合作期间，我们白天在车间与工人们一起焊插件板、接线、试验，晚上根据试验结果继续研究线路图，如此反复……经过十个月的奋战，我们终于完成了工业控制用计算机 DJSK-8，编号 163 机。

1971 年 3 月，163 机顺利安装到了试验大厅的控制室，开始对大厅中运行设备的压缩机、调节器等辅助系统参数进行巡回检测，根据工艺情况进行运行参数控制，减少了运行人员的工作负担，确保了运行参数的精准。在 163 机运行的十多年中，培养出一大批运行技术人员，为专用装备的研制作出了一定贡献。

之后，我又参与了其他试验大厅控制系统的研制以及 40 kVA 逆变器等研究工作。

1984年，我调入院教育处，为院青年职工政校讲历史、地理课程，参与院研究生工作管理。1988年，我调入院民品处，后又合并到院综合计划处，参与制定了院“九五”“十五”“十一五”规划和年度科研、民品、三产等综合年度计划，还承担了全院设备台账管理、节能管理工及综合统计工作，一直到2010年退休。

为院工作40年，付出很多，也收获很多，没有虚度年华。

激情拼搏的岁月

退休职工　杨怡

不经历风雨，怎能见彩虹？有时候，想想院里的发展历程，我常常觉得，每一步都是举步维艰、每一回都是举重若轻，每一次都是步步为赢，就是最为艰难的民品开发时期，对我们来说，也是激情拼搏的关键时刻。

1996 年，院里重新组建了民品处，并发布了许多鼓励民品开发生产的管理制度和政策。当时我所在的动力处，虽然是后勤保障部门，但也积极响应院里的号召，开展了民品项目的探索工作。在处领导的不懈努力下，动力处承揽到夏利轿车和大发面包车的一个零部件——摆臂的加工生产任务。

摆臂加工生产工作开展不久，由于任务量越来越大，处领导班子决定补充一些人员进行支援。1996 年 9 月，我从院变电室被抽出来，借调到了摆臂加工工作团队。刚刚调过去的时候，对这项工作不了解，对什么都很好奇、很新鲜，觉得干民品工作很有意思。但干了一段时间之后，我就深深体会到了从事民品工作的不易。

我们所在的工作场地位于当时的动力处低温车间内，由于是老建筑，总体条件比较差。不仅比较狭窄，各类加工点分散，而且还四处漏风。那时候也没有空调，冬天冻得要命，夏天热的要死。而且当时自动化程度也低，许多工作都要靠人工完成。我记忆中印象最深刻的是，外部厂家对我们的供货速度要求非常严苛，基本不允许耽误任何供货进度。记得每当外部厂家送来满车的毛坯件，处领导都是身先士卒，马上带头跳到车上，组织全体职工拼了命似的立即卸车，然后用手推车把沉重的铁质毛坯件用最快的速度一批批搬运到库房，并立刻进行清点和登记入库。之后按照工作要求，抓紧时间用小推车分批将毛坯件送到钻床工位立即开始打孔，打孔的师傅加工完一个毛坯件，就立刻转送到车床工位及之后的铣床工位继续加工，一点时间都不耽搁。待质检员将加工后的半成品检验合格后，组装队的同事们立刻用小推车将所有半成品运送到组装场地，迅速进行组装。这个组装环节主要都是靠手工操作，是很关键的一个环节，不仅要求干得快，还得耐心细致。因为一旦组装出了问题，则前功尽弃。组装时，首先要用木榔头将铁质球头小心翼翼地敲入抹过润滑油的塑料套件中，然后再用压机将球头组件压入汽车摆臂的预留孔中，最后手动装上盖板。这个过程看似简单，其实是个细活，因为质量问题往往产生在这个环节。凡是检验没有通过的成品，只能重新返工，工作量会非常大。最后对质量检验合格的成品装箱，立即运走。当时的工作效率之高，令我至今难以忘怀。一天干下来，累得浑身都像散了架一样，回到家后基本上是话都懒得说。

但相比身体上的劳累，当时我们更担心的还是外部厂家会不会长期给我们加工任务。因为这种工作技术含量低，任何拥有普通机加工能力的小工厂其实都是可以干的。所以当时动力处上至处领导，下至普通职工都非常珍惜这个民品项目。我清楚地记得，处领导只要是处理完公务，就一定会来到工作现场，和我们一起干，一起加班加点。因为那个时候，院里也才刚刚从最艰难的中走出来，依然非常不容易。当时我们大家的想法是，如果能凭借我们的吃苦耐劳和良好信誉维持住外部厂家与我们的合作，能为院里的发展做出我们自己的贡献，吃多少苦受多少累，我们都觉得是值得的，也是应该的。就是在这种信念和精神的支撑下，我们出色地完成了一批又一批的订单，也得到了外部厂家对我们的高度认可与信任，彼此的合作始终良好进行。

1998 年底因工作需要，我调入动力处管理组负责全院在用生产设备管理工作后，就离开了这个充满激情和拼搏精神的摆臂加工工作团队。但这段工作经历令我终生难忘，并始终激励着我在之后的各项工作中不惧困难，勤奋工作，努力前行！

我为自己的工作感到自豪

退休职工　刘海梅

2006年，我通过社会招聘进入核理化院长度计量室工作。长度计量室主要负责全院各类试验件的几何量检测和长度计量器具的检定和校准，这个工作不仅需要超高的技术技能，还需要有一颗沉静如潭水的心境。计量检测的每一次数据输出都关乎各部门试验成败，为此我们不敢有一丝一毫懈怠。为了每一次数据的准确无误，当开始接到试验测试件的时候，我们就会根据图纸要求筛选仪器，比对确定用哪一台仪器测量能符合公差等级。测量中，经常会出现实际测量数值与图纸要求相差甚远的情况，我们会反复多次多人测量进行比对，直至找到出现偏差的原因，为使用者提供最真实有效的数据。

2021年3月初，领导找我谈话，让我带头组织一支测量队伍前往项目现场进行测量。接到这个任务时，我内心有惊喜有忐忑，喜的是我可以为项目贡献自己的专业知识，但同时也担心自己完成不好给部门丢脸。带着喜忧参半的心情，我们前往项目现场。现场的工作环境与院里大不相同，没有宽敞明亮的试验室，每次去测量都要肩挑手提着几十斤的检测仪器。尽管工作辛苦，为了保障每一组测量数据的准确，我们都会不厌其烦地仔细勘查测量场地，以便设计出最精准快捷的测量方案。

曾经有这么一次测量任务，我们需要测量一个已经被固定在设备里的工件尺寸。工件位置很高，需要攀爬 1 米多高的脚手架才能接触到，而且工件外部又有重重叠叠的设备遮挡着，测量难度非常大。我带着组员多次进入现场寻找测量方案，经过多次的仪器比对、方法验证，我们终于找到最合理最准确的测量方法。大家肩扛手推地将仪器搬到测量位置上，随着仪器一声声清脆的采点声音在空旷的场地上响起，一组组数据显示出来，我们的心里涌起了满满的成就感。

每当看到院综合楼外“对党忠诚，为国担当”八个大字时，我的心中充满自豪。我为我的职业感到自豪，为我在即将退休的年纪还能为我国核事业贡献力量感到自豪！

书写难忘的记忆

退休职工　张连合

1964年，我大学毕业分配到我院前身——华北六〇五所，在天津所部进行了准军事训练和劳动，在欢庆我国第一颗原子弹爆炸成功后不久，被分到该所北京分部（原中国科学院原子能研究所气体扩散研究室，即六一五研究室）工作。1977年8月回到天津院部工作，1999年底退休。2000年到2022年返聘继续在院里工作。我在院工作近60载，亲历了我院60年来砥砺奋斗，薪火相传的漫漫征程，目睹了一代代核理化人始终心怀“国之大者”，踔厉前行，为核工业发展作出了突出贡献，为强核报国书写了辉煌篇章。今年是新中国成立75周年，是我国原子弹爆炸成功60周年，也是我院成立60周年，并将迎来核工业创建70周年。值此，作为核理化人感到无比的振奋和自豪。我虽已是85岁的老人，当打开六十载的尘封记忆，重温来路时，有些事仍历历在目，难以忘怀。

回忆60年来，我深感荣幸的就是为宣传王承书院士做出了一些工作。

2013年底至2021年上半年，我在院志编辑部从事院志编辑工作；2022年结束院志编辑工作后，领导交给我新的任务，收集、整理、完善王承书院士的历史资料。

首先，为系统了解王承书的一生，我一遍一遍地阅读了和王院士有关的书籍及资料并思考如何补充和完善。我按照她的生命历程，在过去已有资料的基础上，继续广泛的收集资料工作，收集资料的手段只有用打电话。我先后多次联系院里的退休职工、集团公司知情人、与王承书院士相关的档案馆和图书馆，社会层面相关中学、大学、科研院所，搜集了一大批相关人的联系方式。就这样，马不停蹄地打电话，闭门羹吃了不少，可也收获了很多相关信息。我联系到全国相关的档案馆图书馆 16 个、大学 3 个、中学 2 个、科研院所 3 个，中核集团所属单位 8 个，集团外单位 8 个，以及集团内 19 人、集团外 12 人及院内退休职工百余人。这些单位和个人都对搜集资料工作给予了积极支持。

在此基础上，我筛选出需经常联系的单位和个人约百个，建立了微信联系，这些单位或个人都提供了王承书相关的资料，有的还提供了照片和实物。最后，我把搜集到的素材按照 28 个专题共 200 多页的资料，这些珍贵的素材都交给院里，为后续的王承书院士的资料采集奠定了良好的基础。

2022 年是王承书院士诞辰 110 周年，核理化院为纪念王院士隐姓埋名，一生三次“我愿意”，为核工业的创建与发展作出了突出贡献，决定在津南院区建设《王承书纪念馆》，我也转为配合纪念馆建设工作，为纪念馆的建设提供了大量的素材。经过相关部门的努力和相关同志们的奋斗，在 2022 年 6 月，王承书纪念馆建成并正式开馆。同时该馆获评全国首批科学家精神教育基地，全国共有 140 个，其中我国核领域有 17 个，天津市有 3 个，我院的《王承书纪念馆》是其中之一。

建设纪念馆的同时，院里又开始计划编辑出版《王承书纪念文集》，作为 2022 年纪念承书诞辰 110 周年活动中的一项重要内容。经过大家集体的智慧和努力，280 千字的《王承书纪念文集》于 2022 年 7 月由原子能出版社出版，扩大了王承书院士的宣传范围，增加了宣传力度。

在我有生之年，有幸为宣传王承书工作出了力，深感高兴和自豪。我在宣传的过程中，对王承书的认识一步步加深，她永恒的人生深深地感动着我，激励着向前进，我要永远弘扬“许党报国，厚德至诚，温蕴谦恭，精微致远”的承书风范。

光阴似箭，岁月如梭，弹指一挥间，时间已经流逝过去 60 载，喜迎 60 年院庆，祝核理化院明日更美好！

与苦难同行的还有希望

退休职工　黄瑞霄

1980 年至 1983 年，我在三院工会工作，分管职工生活、生产安全。当时的院长是钱皋韵，工会主席是王宝昌，由副主席李玉荣主持工作。当时，工会负责生活、生产安全的事很繁杂，调查了解职工生产、生活状况；协助行政处理杂七杂八的问题；探望关怀职工的生老病死、调解家庭矛盾、处理邻里纠纷……一句话，每名职工从入职工作到去世，所有的衣食住行、生老病死全部跟工会有关系。

那时，家有异性较大子女和父母同住在一室的三院职工大有人在。我家就是四口住红旗楼 22 栋（现在叫红旗巷）伙单一间，一个单元两户，住着八口人。自行车放外边怕丢，放屋里没有地方，只能很奇葩地把自行车挂墙上……

那年代，两户住一个单元的还不是最困难的，还有更难的。我记得有一次是在院长钱皋韵带领下，工会副主席李玉荣和我一起，对一批住房特困户进行了走访、实地调查、仔细了解、逐一登记，有的人家三代同堂住一起，为了相互遮丑，屋里拉着好几道布帘，避免彼此间的尴尬；有的职工子女多，实在住不下，就在一间屋子的四角立四根粗柱子，搭出一个隔层；更有的人家，晚上，父亲领男孩爬到隔层上边睡觉，母亲和女孩在下边睡觉……当时，目睹这样的现状，我们仨几乎都忍不住要掉下眼泪。

经过一番实地考察、了解情况后，钱院长感慨地指示，“我们无论如何都要想办法，给这几户特困职工再解决一间房子！”

为了职工生活，院长和工会主席亲自上门摸排情况，进行关怀、慰问，并且指示必须帮他们解决老大难的住房问题！这些职工被感动得热泪盈眶。在院长钱皋韵的领导下，这些住房“特困户”每家都增加了一间房子，让他们全家心里都乐开了花！——这也是那个时代，广大职工传扬很久的佳话。

院领导和院工会每年元旦、春节前夕，照例都要慰问、探望老领导、老科技工作者、劳模、老同志、身体多病者。我记得我在工会那几年，每到元旦、春节将近，院工会就买上各种慰问品、挂历等，由钱皋韵院长带领，工会主席和我，推着两轮车，登门慰问。在这个组合中，我觉得这个装满慰问品的车子，应该我推着最合适，最应该，原因有三：第一这是我在工会的本职工作；第二在院长、工会主席面前我的职位最低，一个科员；第三论年纪我也比钱皋韵院长、李玉荣主席年轻些。所以我抢先推起车子就走！不料钱皋韵院长在后边对着我喊：“慢点！”随后，钱院长追上推车的我，说：“还是我来推吧！我毕竟比你劲儿大些！”他使劲抢过我的车把，稳健的朝前走去！我望着他的背影：一个那么高级别的院长，推着那装载着满满都是对老同志深情厚谊的胶轮车，奋力前行，让我从心里升起由衷的敬佩！

与苦难同行的还有希望。筚路蓝缕启山林，栉风沐雨砥砺行，60年岁月，三院终于站在了天津的潮头，三院人的幸福生活来了。

青春故事

退休职工 曹香蕊

不知不觉间退休已经五年了。五年前，当我在离院联络单上签完最后一个字，交回核理化院进院证时，我终于意识到我的职业生涯彻底结束了，当时多少的失落与不舍萦绕着我。如今我已经坦然适应了退休生活，看到如今核理化院欣欣向荣的景象，更多的是欣慰与自豪。今年恰逢核理化院成立六十周年，讲讲自己的青春故事，不仅是要回忆一下那奋斗的岁月，也是要激励新入职的同事，珍惜光阴，努力奋斗，成就自己，辉煌三院。一万年太久，只争朝夕。更是要祝福核理化院蒸蒸日上，永葆青春，永续辉煌。

我入职的 1987 年，核理化院可以说是处在最困难的时期。那时还处于改革开放的初期，国家集中精力、财力、物力搞经济建设，国家对我院科研任务的总体指导思想是“不断线，不大干”。有限的科研经费投入主要目的是跟踪世界最新科研动态，保持住科研队伍。那时全院大部分科室都在进行民品开发。我在此时来到核理化院，立刻投入到民用化工产品的开发中。虽然那时院里处于困难时期，但当时自己却完全无感。刚入职的兴奋与青春的热情，无惧任何艰难困苦。每天快快乐乐流连于实验室、图书馆，即使一周休息一天，还要经常加班加点，也不觉得苦和累。想想自己那时真的很“能干”，比我还高很多的气体钢瓶我能推来滚去。只是装卸阀门要费很大力气，我可以熟练扳动比我胳膊还长的扳手，甚至有时还要加上套管。和现在相比，那时的条件相当艰苦，我所工作的化工大厅，冬天寒冷夏天闷热，但我并不觉得苦，甚至觉得和在戈壁滩上创业的第一代核工业人相比，我们的条件已经很优越和舒适了。我当时参与开发的蚀刻电子气属于高科技的化工产品，开发难度很大，但在院里的大力支持和部门的强力攻关下，还是取得了不少成果，获得了一定的经济效益。我在此期间，也经历了磨难、增长了才干。艰苦奋斗，累并快乐着。

直到2001年，由于自己的身体原因，不再适合化工岗位，我才不得不离开化工实验室，来到质管处工作。来到新的岗位，面对新的领域，我更加积极进取，努力学习。不仅全面参与了我院的质量体系建设，为我院的历次质量认证做出了积极贡献。还在几年内考取了内审员、外审员。尤其是外审员的学习与考试，我几乎是参加人员中年龄最大的。

2005年为了院科研产品的工业化应用，我院在东丽开发区建立了制造厂，我又服从组织安排，克服个人和家庭的诸多困难，在制造厂工作两年多。制造厂从无到有，工作千头万绪。初期人员很少，工期要求很紧，加班加点是常态。我努力做好自己的工作，不因自己分管的工作使总进度受到影响。生产企业与我院的质量管理有很大不同，两年多时间，我深入车间调研、梳理工艺流程，强化控制管理，主持建立起了制造厂的质量管理体系。在顺利完成任务的同时，也使自己收获了满满的幸福感。我院制造厂的建立和成功运行，为后来中核天津机械公司的建立奠定了良好基础。

回想自己三十多年的职业生涯，我感觉我很幸运。我赶上了一个好的时代，我入职了一家好的单位。核理化院给了一个可以充分展现自己才能的平台，虽没有做出什么重大的业绩，但也兢兢业业，为我院发展作出了自己的贡献。前些日子有幸到新院区看了看，新院区整洁漂亮，员工们个个神采奕奕很是激动。看到这些年核理化院不断进步，不断超越，不论在国家重点科研任务还是在改革发展中，都取得了更大成就，我由衷的高兴。祝愿核理化院的明天更加美好。

我的点滴回忆

退休职工　郑义

时光荏苒，岁月如梭，今年恰逢核理化院成立60周年，60年对于每个人来说，一生只有一次，但是在历史的长河中又是那样的短暂，回顾自己的亲眼所见，所想，所经历的人和事，像电影蒙太奇一样在脑中浮观，如同昨日刚发生的一样，下面我就追述一下当年的情景。

1970年8月15日，我们一群洋溢着青春朝气的学生迈进了位于津塘路168号的院中，大家心情都非常激动，因为结束了学生时代，踏入了社会大课堂，什么都是从零做起，大家得知，我们每个人都是以准军人的条件招来的，使得大家更增添了自豪感，休息时，我们在院区内转了转，熟悉一下环境，那时的院区前后分为两重天，主要的厂房和实验大厅都在前半部，后面则是空地和库房，特别是当时后面很空旷，有河沟，有茂密的芦苇，据说河里还有人经常钓鱼，由于自然条件很荒凉，所以时常还会有各种小动物的出现，一般到了晚上很少有人去光顾。通过集中学习，大家都对实验大厅产生了向往，都盼着能够进入大厅工作，记得当时的大厅外墙还刻有红旗精密机床厂的字样，这也显示出这个单位的前身，我也是从此时开始了我的职业生涯。

我院的重点任务是科研试验工作，各部门都围绕试验协同工作，在这个过程中很多看似普通的事情，但是需要有人去付出十分的努力，因而也产生了许多普通人做出了不平凡的事，这些人的付出很多人可能都不了解，但却是实实在在地作出了很大贡献，默默贡献自己的力量，当实验进入最后冲刺阶段，一场突如其来的地震灾害破坏了厂房，墙倒屋塌，大厅房顶的预制板砸坏了设备，实验被迫停止。抢险救灾，恢复实验是重中之重。由陈国樑主任带头，一部分人登上房顶进行排险，结果发生意外，十几人从上边滑落，大部分人落在天车上，只有 3 个人重重摔在地上，一场抢救工作立即展开，时间就是生命，经过治疗大部分同志都转危为安，只有三名同志医治无效牺牲了，最终也是在全院的共同努力度过，用最短的时间恢复实验生产工作。

随着时代的发展，我院也进行了相应的转型，开始发展民品技术。当时我们拥有雄厚的技术力量和设备，但是缺乏市场经验，为此成立了民品处。结合我院的实际情况研究市场需求，组织调研国内外技术，准备生产制粉设备，经过反复摸索，成功研制出面向粮食行业的制粉工艺，也取得了很好销售成绩。除了制粉设备，我们也开发了过滤器、色选机、牙膏添加剂单氟磷酸钠等产品，均取得了良好经济效益，缓解了资金短缺的问题。

核理化院成立 60 周年是总结回顾过去，走过的历程会留下历史的足迹，有感悟，有遗憾，有收获，有进步，60 年弹指一挥间，有无数的人和事写不完。如今的院区旧貌换新颜。踔厉前行，核工业人正以朝气蓬勃的精神，奋发向前，勇创佳绩，核工业人的精神后继有人，明天会更好！

难以忘怀的院电影放映往事

退休职工　杨明忠

每次走过院大门口，我总是习惯性地扭过头往院里的方向看上几眼。一是想看看院里面的面貌又有了什么变化，二是想再瞅瞅那高高矗立的大礼堂——承载了多少往事的院电影院，我曾工作了多年的“办公场所”。

1968年，组织安排我到院工会工作。刚开始是负责图书馆书籍的管理工作，不久后，主管领导又安排我承担起院电影放映工作。在考取了电影放映资格证后，我和当时在电管科工作的董连起、杨德顺，在电镀车间工作的韩锡春，在车队工作的房志友共4名兼职人员一起，组成了电影放映队。60年代的时候，从事院电影放映工作绝对是个苦差事。因为那时院里条件有限，根本就没有正式的电影放映场地，基本上都是在院里的大空地上，架起临时的电影幕布，等天黑了就开始使用移动式电影放映机放映电影。

记得当时基本上是每周放映一场，夏天蚊虫叮咬，冬天又冻得不行，而每次计划放映前，还得看天气情况，赶上下雨、刮大风等恶劣天气还要考虑换日子，重新准备。虽然条件差，工作很累，但是我们放映队全体队员没有一个人抱怨过，因为每到电影放映的日子，我们都会看到全院的职工和家属，特别是孩子们，就像过节一样兴高采烈。大家都是早早吃了晚饭，搬着凳子提前坐好，高高兴兴地等着暮色降临。每当看到这些欢乐的情景，我们就觉得无论多么辛苦，都是值得的！

70年代初，院里建起了一座礼堂兼食堂的建筑，大家习惯称呼它为“大礼堂”（现在的院综合楼位置以前也有一个由车间改造成的礼堂，当时作为“职工之家”，后拆除了，我们习惯称之为“小礼堂”），电影放映场所就固定在这座礼堂里，不过依然使用移动式电影放映机放映电影，但各方面条件好了很多。所有的电影都能够如期放映了，再也不受天气情况的制约了，我们和观影的职工及家属们再也不怕看电影时突然狂风大作或电闪雷鸣了……

每到周末，这里就是欢乐的海洋，是职工和家属的休闲地，更是孩子们快乐的大本营。到了 80 年代初，院里对大礼堂进行了较大规模改造，取消了食堂，优化了音响和灯光，对地面进行了改造，安装了 1000 多把座椅，并在二楼房间里配置了固定式电影放映机，作为电影放映室。新的院电影院各方面条件再次得到了极大改善。

此外，令我难以忘记的是在电影放映之外，那些大家所不知的“与时间赛跑”的工作。为确保电影能按时放映，我们会在放映电影的当天下午早早赶去电影公司，等电影公司将其他影院刚刚归还的好几个沉重的电影胶片盒清点完并移交给我们。拿到电影胶片后，我们就马不停蹄赶回院里，用工具手动把播放过的电影胶片倒转回去，确保放映能从头开始。倒片子不仅费事费时，而且费力，即使是冬天，倒完全部电影胶片盘后，我们都是一身大汗，更别说炎热的夏天了。电影放映完毕后，按照与电影公司的合约，无论多晚，不论天气多么恶劣，我们都必须连夜把胶片送回电影公司，不允许过夜。记得大雪纷飞的冬天，我顶着大雪给电影公司送完胶片盘回到家里时已经是深夜了。但我从来没有对自己因为从事这份工作而后悔过，能给全院职工和家属们带来欢乐，能让大家在努力工作之余得到一些放松，我就觉得这份工作非常有价值，心里有满满的成就感。

我退休以后，同事们接过了我的工作，电影放映工作又持续了一段时间。随着社会的发展和科技的进步，和天津市的许多单位一样，院里也停止了放映电影。但这些我院电影放映的往事，是难以忘怀的。院里这座高高矗立的大礼堂，和我们这一代的职工，不仅共同见证了我院不平凡的发展，也有幸看到了我院默默拼搏、厚积薄发后所取得的一系列辉煌成就。我们永远祝福我们的核理化院，再接再厉、越来越好！

118 试验室的传承

四所 易建华

事业有继承，精神有传承。在河东院区综合楼的后身，有一栋古朴的、非常具有年代感的建筑，被大家称作小理化楼。在小理化楼的一楼，排布着各类试验室，主要有不同机型的机电试验室、强度试验室、模态试验室、抗震试验室、部件试验室以及可靠性试验室。基本上专用装备开展物理试验之前的全部机械性能验证工作都会在这里完成，可以说这里是专用装备设计验证的试验基地。而且，不仅现在是，过去也是。听前辈们说小理化楼自启用以来，主要用作科研和试验，这里的机电试验室曾经有一个特别响亮的名号，叫“118 试验室”。

“118 试验室”创建于 20 世纪 80 年代，因曾用房间号“118”而得名。“118 试验室”是专用装备研制过程中，开展单机机电性能研究的专用试验室，它见证了我国专用装备研制的历史。每一代机型均以这里为起点，从样机研制到单机定型，进而走向规模化生产和应用。

“118 试验室”之所以出名，一方面是因为试验室在专用装备研制中发挥了重要作用，具有举足轻重的地位。尤其第一代和第二代专用装备研制过程中，“118 试验室”对机器的振动性能、强度性能、整机参数匹配性能以及运行稳定性等开展了大量试验研究工作，为设备及其部件的设计、优化和定型提供了大量的试验依据和改进建议，对现役主力机型的研制成功作出了不可磨灭的贡献。

另一方面，“118 试验室”的出名，还在于 118 试验团队是一支具有优良传统、团结、有战斗力的队伍。从这里走出了数位集团领导和专家：中核集团战咨委委员罗长森，集团首席科学家王黎明，曾任中核机械副总经理、总工程师的李连广，核理化院副院长刘成业，副总工程师李平等，他们都曾在这里工作和战斗过。80 年代，机电试验组就曾获得过天津市委、市政府授予的模范集体荣誉称号。

科研试验，有探索有突破，有未知也有超越。长期以来，118 试验团队致力于开拓新的试验思路，开创新的试验方法。在老一辈试验人员的引领下，试验团队披荆斩棘、突破一个又一个关键技术，经过几代试验人员的不懈努力，在这里诞生了很多适用于专用装备的典型试验方法，比如模块化试验方法、高加速试验方法、动态变形测试方法、抗震及抗冲击试验方法、动态密封性检测方法……这些试验方法为专用装备的设计验证、优化升级、可靠性提升等提供了最强有力的验证手段，并获得多项国防科技进步奖等奖项。新一代试验团队，也多次获得天津市国防工业系统优秀集体、“工人先锋号”等荣誉称号。

岁月更迭，历史变迁，由于小理化楼的装修和改造，“118”的门牌号早已不复存在，但“118 试验室”的优良传统和精神还在。“118 试验室”绝不仅是一个房间，一间实验室，它已然成为专用装备研制试验的代名词；成为一支具有优良传统的、特别能战斗、特别能攻关的试验队伍的代名词；成为核理化院专用装备研制中一张亮丽的名片。

2021 年，津南院区投入使用，随着搬迁工作的逐步推进，试验室也面临着搬迁。津南院区 B02 大厅将继续承载“118 试验室”的全部功能。突破原有场地和试验条件限制，新院区、新厂房为试验室的升级和未来拓展提供了充足的空间和无限的可能，试验室将迎来又一次升级换代。

“雄关漫道真如铁，而今迈步从头越”。回首过去，“118 试验室”与时代同步伐、与核理化院共命运，历经风雨，铸就辉煌；展望未来，118 试验团队将不忘初心，砥砺前行，再次以满怀热忱投入到专用装备的研制中，用奋斗和担当践行“强核报国、创新奉献”的新时代核工业精神。

我与专用装备试验系统“共成长”

八所　袁宝和

我2004年大学毕业，同年8月来核到理化院参加工作；2006年调入八室（现八所）参加专用装备研制及试验系统的运行维护保障工作，新的工作岗位、新的工作环境，面对新的挑战和新的同事，我快速融入团队，在老科研人员带领下，更加沉下心来，开启了科研管理新航线。

记得刚刚调入八室，恰逢我院独立自主研发的专用装备投入工业化应用，这是几代核理化人共同努力、拼搏奋斗所取得的新成果，全院上下一片欢腾。耳濡目染着这种科研人始终赓续前行、不遗余力、埋头苦干、反复试验的勤劳付出后终于蜕变为刹那芳华，并推广应用成为科研成果的胜利情景，深深地感染了我，也让我暗下决心：一定要干出点名堂来！

调入八室后，我被分配到辅助组负责八所范围内辅助系统的运行维护、技术改造升级工作。当时八所运行的试验系统包括：专用装备“微型”试验系统，小型、中型及大型试验系统；运行值班人员规模50人左右，采用传统的巡检记录方式。当时的情况是，尽管人员少、业务杂、技术手段相对落后、管理能力也不尽如人意，面对此种情况，我丝毫没有退缩，积极想办法、拿方案，作整改，开展了一系列的管理提升。事实证明，当时的小改小革和管理提升是管用的，有效助推了那一阶段的工作效率。

2011 年，随着专用装备研制的需要，院党委将八室调整为正处级单位，即八所，这次“升级换挡”，为专用装备研制及试验系统的运行维护保障工作带来了一次“质的飞跃”。试验大厅内相继建设并投入运行 2 号专用装备小型试验系统、中型试验系统及大型试验系统，运行值班人员扩充到“巅峰状态”的 80 人，成为专用装备研制的“高光时刻”。值班人员分为老、中、青三代，八所始终秉承着“以师带徒”的优良传统，在这里，老师傅们毫无保留地将自己掌握的专业知识，实操本领传授给新职工，使他们迅速融入八所的集体，投身到专用装备试验系统的运行维护工作中，很快成为新八所的顶梁柱和生力军，团队协作、共同成长、技术过硬、技能提升，使我们这支队伍始终能够战胜一个又一个拦路虎，解决了一个又一个技术难题。

时间荏苒，岁月更迭。院专用装备研制走过了多个阶段，迎接了多少个困难，就取得了多少成果，荣获了多少辉煌。截至 2024 年，八所试验大厅内新增“成员”，包括 3 号专用装备小型、中型和大型试验系统，及更新一代专用装备进行试验系统，共计 10 余个系统，这与最初的 4 个系统相比，研制范围和研制能力都是不可与日同语的。这些试验系统的安全、稳定运行不仅体现了核理化院专用装备研制的优秀成果，同时也离不开运行值班人员二十多年如一日默默无闻的辛勤付出，这更是核理化院整体能力提升的缩影。

时间是最好的见证，也是最好的说明书。回首我自己从 2004 年到 2024 年整整 20 年的工作历程，我感慨万千。当年，我从一个刚刚大学毕业闯劲十足的懵懂毛头小伙子，变成了 40 多岁的中年男人，这是岁月给予我的褒奖和勉励，因为，八所试验大厅所承研的试验系统也从最初的独立一个几台系统，快速成长为多型号、多功能、多用途的十几个试验系统，我们的能力成倍增长，这是——“机”的提升；而运行值班人员也从开始的

“60后”为主逐步变为以“80后”为主体，这是——“人”的改善；试验系统的工艺运行方式从传统的纸质记录转变为数字化计算机系统，这是——“法”的更迭；“料”和“环”的变化，更是鸟枪换炮，日新月异。从以上人、机、法、料、环几组数据的变化对比，侧面反映出我院专用装备研制的艰辛和辉煌的历程。

路虽远行则将至，事虽难做则必成。我愿意将我的余生精力全部奉献在专用装备研制的路上，陪着核理化院一起阔步前行。

争当自动化技术的领头兵

三所　郝苒杏

自动化技术团队是三所一支战斗力极强的年轻攻坚团队。它组建于2016年，是应工程建设需求成立，团队成员维持在四名成员左右，在院党委领导下，组长带领团队统筹协作完成工作任务，出色地攻克一项又一项急、难、险、重技术工作，开创了重大工程自动化装备的开端。

所内之前一部分试验开展依靠手动实现，但为了实现工程的全自动化运行，自动化技术必须搞起来。然而相关技术工作是所内之前从来没有接触过的，完全属于空白，无任何技术参考。在上级领导提出相应的任务需求后，第一任组长高志广同志认真剖析任务需求以及制定强有力的节点计划，分解出技术关键点，带领团队调研相关技术，并针对过程中遇到的技术难题进行一一攻关。在“强大执行力”的基础上，发挥团队协作能力及个人专业技能，2个月内完成了共计约20余套自动化设备模块的大型自动化装备系统的技术方案设计，最终完成系统设备研制，开启了工程自动化装备的技术发展道路。

2020年是整组任务最繁重的一年，涉及的工作内容非常多，与其他班组及外单位接口问题是最多的也是最烦琐的，工作内容形式也是不固定的。设计上需考虑的方面众多，而且每个细节都不能马虎。在搞设计的同时需严格把控设备加工情况，在对接接口的同时要把设计做到位。工作都是环环相扣，工作内容也是众多，如完成大型装备系统设计（包括三大系统，包含30余种设备模块）、设备定型等一系列工作、出差参与试验相关技术工作、出差查看设备加工情况、设备运行考核、现场装调等工作。通常组内人员只能一人多用。在人员与工作进度都相对紧张的情况下，团队人员提高效率，不做重复工作，按时按点完成工作任务。没有人因工作烦琐而撂挑子，都以认真态度完成每一项工作。

2020年团队主要负责了某车间大型系统装调工作，团队根据总工作任务制定各分项工作计划，并按照工作计划单人负责进行，所有过程都留有相应记录，待总结查询。针对该项工作任务进行了强有力的部署，每天组织进行班前会、班后会，以有效快速解决现场有关问题，每天班前会布置当天工作计划，班后会组织进行当天工作完成情况。装调过程中从无间断，持续了 60 天左右，顺利推进了系统装调工作，并形成了过程记录，为项目后续进行奠定了非常重要的基础。

2021年，自动化班组成员驻扎工程现场，自动化班组成员不仅负责所有产线自动化设备安装总体管理，而且还承担了整体项目安装总管理。由于工程现场施工环境及天气恶劣，班组成员始终保持如履薄冰的高度警觉、不松懈、不麻痹，继续强化安全施工“一岗双责”原则，加强严管、检查到位，树牢安全发展理念及安全施工监管，牢牢守住安全施工底线，切实维护施工人员及成品设备的安全。班组成员带领外协单位并未发现重大安全隐患及安全生产事故，全面实现了“零伤害、零事故、零伤亡、零污染”的生产目标。

目前核工业面临多面开花，迅猛发展的势头，而核工业也从自动化向智能化、数字化大迈步，以工业元宇宙为核心的数字样机时代已经到来，自动化团队面临了更加巨大的机遇和挑战，除了要稳扎稳打的打好重大工程仗，还要开拓属于我们的专业方向，让我们专用技术应用更多的核工业领域，同时也吸收更多的技术体系、先进技术和思路。坚持发扬“两弹一星”精神和“四个一切”核工业精神，争做核工业领头兵，向更大更远的目标不懈前进。

两次泪目

五所　杨梅

2023年我来到五所挂职。初来乍到，我对五所的科研工作完全不了解，于是领导建议我可以去找原所长彭树文同志请教。见我不太懂电源技术专业知识，彭树文同志便从五所研制电源的“前世今生”讲解，和我详细分享了令他难忘当场泪目的两次电源研制故事。

第一次是653型大功率专用电源的研制。2000年前后，为了向院自主研制的专用装备提供配套电源，院里开始研制653型大功率专用电源样机。研制过程困难重重，研制团队群策群力，解决了一个又一个难题，经过不断调整改进，在2002年研制出2台正式样机。样机虽然制作出来了，可是在正式进行负载试验前，能否稳定地为专用装备供电仍未可知。2003年初，在陕西的工厂里，研制团队拆掉了工厂一直使用的电源，换上了院里自研的653型电源。电源启动，现场鸦雀无声，大家屏住呼吸，仔细听着机器运转发出的震荡声。稳了、稳了，机器运转的声音愈发平稳，掌声、欢呼声响彻现场，在场人员无不激动落泪。

样机负载试验的成功标志着专用装备配套电源的研制实现了巨大突破。经测量，核理化院自研的653型电源比原电源效率提高了14%，可靠性也实现了大提升。后来，653型电源也被广泛应用在铀浓缩工程中，为核理化院创造了可观的经济效益。

2004 年成立第五研究室

另一个令彭树文同志感动泪目的是 300 型电源的研制。300 型电源是院新一代专用装备的配套电源，也是核理化院面向民用工厂研制的第一款大功率变频器。2008 年启动研制，经过一年的研制，样机通过了模拟负载试验。按照合同要求，核理化院在 2009 年对 300 型电源进行了批量生产，创收 2000 余万元。

2010 年初，经过数月的考核试验，核理化院将 300 型电源运到了客户工厂，准备进行真实负载试验。由于当时市场上有其他型号的电源与院自研的 300 型电源开展竞争，客户工厂要求我们必须进行满载试验并且一次通过。这就意味着 300 型电源的满载试验没有太多调试机会，我们的电源必须是“完美”的，必须一次性通过客户设备试验。彭树文同志讲到这里，顿了顿，看着我说，“你知道这意味着什么吗？意味着如果试验出现了一点问题，咱就得把电源运回来，丢人不说，钱恐怕也拿不到，大家跟着我白干！”我也紧张地问他试验情况如何。只见他微微一笑说：“就在试验前一晚，客户的总工程师还找到我说怕出现同步后输出波形震荡的情况。虽然理论上我们的电源没问题，可实际咱没试过，科学哪有绝对，我不敢打包票，也是一夜担忧。”

试验分阶段正式启动。开始的1/4额定负载，因为之前做过试验，大家胸有成竹，并不担心。接着加到1/2额定负载，大家的心里生起了小小的紧张。再接着3/4额定负载，紧张的情绪也变得浓烈。满载了，大家的紧张度也随之满负荷，心都提到了嗓子眼儿。满负荷运转伊始出现了震荡，在场的人心一下子慌了，可还没几秒钟，震荡消失了，输出稳定！所有电源全部一次通过了启动试验，并且能够稳定输出。完美，我们做到了！彭树文同志骄傲地和我说：“由核理化院供货的这批电源至今仍然在稳定运行，我们也还在为客户提供技术服务！”

经此一役，核理化院五所拉开了由科研型研究所转向工程生产型研究所的改革帷幕。300型电源也自此应用到更多商业工厂中，为院电源进一步更新迭代奠定了基础，也为院赢得了更大经济效益。

2010年1月示范工程专用变频器出厂仪式

电源研制工作难度高、压力大，谈话到最后我忍不住问彭树文同志，“既然有这么多困难，还要顶着这么大的压力，您为什么还乐此不疲地在电源研制这条路上一直走下去呢？”“因为热爱啊！虽然压力很大，但我太爱了，我爱这份工作，我爱研制出来的一代代电源，我也爱跟我一起奋斗、一起紧张、一起兴奋的这个团队，我离不开他们!”说到这里，彭树文同志的脸上满是笑容，眼角的鱼尾纹里藏着些许晶莹的泪花，眼神里是满满的激动与欣慰。

体检能力的变迁

质量管理中心　石祁　李依汶

在时间的长河中，每一个细微的变化都是历史的见证，每一次进步都是对未来的期许。自 2011 年我踏入核理化院的大门，至今已逾十载春秋，见证了这里从青涩到成熟的蜕变，而最能体现这种变化的，莫过于每年一度的体检活动。

刚来核理化院的时候参加体检，感觉真不咋样，处处显示出简陋与尴尬并存的模样。那时的体检中心还显得有些陈旧，设施不甚完备，环境略显拥挤与闷热。尤其是在进行 B 超检查时，那种体验尤为难忘。排队不仅限于室内，甚至延伸到了室外，长长的队伍中，每个人都带着几分焦虑与无奈。更让人尴尬的是，检查过程中往往还会吸引旁观者的好奇目光，个人隐私似乎在那一刻变得微不足道。体检报告如同公开文件，随意堆放在桌上，个人健康信息的保护意识尚显薄弱。有时，我们会无意中看到别人的体检结果，这在一定程度上侵犯了他人的隐私权。整个体检流程繁琐且效率低下，半天时间往往只能完成部分项目，让人疲惫不堪。

转眼间，时光流转，核理化院体检中心已焕然一新，处处彰显着科技与人文并重新面貌。宽敞明亮的空间、科学合理的布局、先进的医疗检测仪器，无一不在诉说着时代的进步与院方对员工健康的重视。如今的体检，已经不再是简单的身体检查，而是一次充满人文关怀的健康之旅。智能化的操作流程，从预约到检查，每一步都有医护人员温馨的引导，通过智能化系统实时提醒哪些项目人少可以优先检查，广播系统的巧妙运用，让等待的时间不再漫长。医护人员也变得更加贴心和专业，他们不断地提醒我们注意事项，为我们提供温馨的服务。虽然体检项目较十年前增加了很多，但由于流程的优化和设备的升级，两个小时内，便能高效完成所有体检项目，这在过去几乎是不可想象的。

尤为重要的是，体检报告的保密工作得到了极大加强。密封的报告袋，不仅是对个人隐私的尊重，更是时代文明进步的体现。新增加的胃肠镜、心脏彩超等高端检查项目，不仅彰显了技术的进步，更是院方对职工健康全方位、深层次的关怀。这些检查能够帮助我们及早发现潜在的健康问题，将疾病的威胁扼杀于萌芽状态，体现了预防胜于治疗的现代健康管理理念。

回首过去，那些略显简陋的体检经历，虽然充满了不便，但也成为我们共同的记忆，见证了核理化院从艰苦奋斗到蓬勃发展的历程。而今，随着硬件设施的提升、流程的优化以及人文关怀的加强，体检不仅是一项例行公事，更成为了院方与职工之间情感联结的桥梁，体现了“以人为本”的核心价值。

面对未来，我满怀期待。相信随着科技的不断进步和社会的发展，核理化院的健康管理服务将更加完善，不仅为我们的身体健康保驾护航，更会成为行业内的标杆，引领健康体检的新风尚。在这片充满创新与温情的土地上，每一位核理化人，都将是这一伟大变革的参与者与受益者。

岁月悠悠，情怀依旧。体检故事的变迁，是核理化院发展历程的一个缩影，它讲述着一个关于成长、进步与关怀的故事，让我们在感慨时光流逝的同时，也对未来充满了无限的憧憬与信心。

成功源于一个旧电脑包

财务部　高艺珊

我时常百思不解，成功的来源是什么呢？而一个破旧的电脑包，却让我撞开了成功的大门。

作为财务部门的一名员工，我一直深知财务决算会审的重要性。这不仅是对我们过往工作成果的一次检验，更是展现我们专业素养和团队能力的关键时刻。

那一天，我早早地开始准备前往集团公司参加决算会审所需的资料。当我正在忙碌地整理和核对时，王姐走了过来，递给我一个看似破旧沉重的笔记本电脑包。我有些诧异，接过来打开一看，里面装着一台古老的笔记本电脑、几张光盘和一些笔、纸等文具。我不禁质疑地问王姐："有必要背这个又大又沉重的破电脑包吗？这个老电脑已经很重了，单独装我包里吧。"王姐微笑着回答："有必要，到时候你就知道了。"虽然心中仍有疑惑，但我还是选择相信王姐，原封不动地将这个破旧的电脑包背在了身上。

来到集团公司后，决算会审紧张有序的展开着。一切似乎都在按照既定的流程进行着，我也渐渐投入到工作中，暂时忘记了那个破旧的电脑包。然而，就在会审进行到关键阶段时，集团公司突然提出了新的要求，需要我们现场进行一些数据的核对和修改。这时候，我才逐渐明白了王姐的用意。古老的笔记本电脑虽然性能有限，但却能够运行我们需要的专业软件；光盘里存储着各种重要的资料和文件，方便我们随时查阅；而那些文具也在记录和标注时发挥了关键作用。

随着时间的推移，夜幕渐渐降临，我们的工作还在继续。长时间的奋战让我们疲惫不堪，眼睛也开始变得酸涩。就在我们感觉快要撑不住的时候，偶然间在电脑包的侧袋内发现了几袋过期的速溶咖啡。看着这几袋过期的咖啡，我的内心涌起一种复杂的情绪。我仿佛看见了一批又一批的财务工作者，他们也曾在这样的夜晚，背负着压力和责任，为了准确的财务数据而努力拼搏。这些过期的咖啡就像是他们留下的痕迹，见证了他们的付出和坚持。

这一刻，我突然感到自己并不是一个人在战斗，是站在众多前辈的肩膀上，延续着财务的使命。这种使命感使我瞬间充满了力量，困意也渐渐消散。我们更加坚定了信念，我们要全力以赴，不辜负院/公司对我们的信任和期望。

在接下来的时间里，我们齐心协力，仔细核对每一个数据，认真审核每一张报表。虽然过程中遇到了一些困难和挑战，但我们凭借着扎实的专业知识和顽强的毅力，逐一克服。当最终通过会审的那一刻，我心中充满了成就感和自豪感。我们成功通过了这次考验，向集团公司展示了我们优秀的工作成果和团队实力。

回到办公室，我将这个电脑包小心翼翼地收了起来。在我心里，它不再是一个普通破旧的电脑包，而是承载着我们奋斗历程和团队精神的象征。我明白了在财务工作中，任何看似微不足道的东西都能在关键时刻发挥重要作用。我们不能忽视任何一个细节，因为每一个细节都可能影响最终的结果。

在不断努力下，院/公司连续多年获得了集团公司、中国原子能“部门决算先进单位”“财务决算管理先进单位”等荣誉称号。这些荣誉不仅是对我们专业工作的肯定，更是对我们团队精神的褒奖。我们将继续努力，为院、公司的发展贡献自己的力量。

珍惜过去荣誉的同时，我们也意识到，财务工作不能一味地守旧，而是要在传承的基础上不断创新。随着科技的发展和时代的变迁，我们也在积极探索新的工作方式和方法。为积极响应集团公司业财一体化建设要求，深入推进院、公司数字化转型，通过不断加强与其他部门的整体协同，2024 年院财务共享系统全面上线，为增强财务核算、提高工作效率、实现会计档案无纸化奠定了基础。

这次决算会审的经历让我成长了许多。我学会了要时刻保持对工作的敬畏之心，要做好充分的准备去应对各种可能出现的情况。同时，我也更加深刻地体会到团队合作的重要性。在面对困难和挑战时，只有大家团结一心，共同努力，才能战胜一切。“强核报国、创新奉献”——新时代核工业精神时刻提醒着我们不忘初心、牢记使命，只要我们秉持着新时代核工业精神，就一定能够取得更加优异的成绩。而那个破旧的电脑包，也将永远提醒我这段难忘的经历，激励我不断前行。

现金为王的自我革命

财务部　穆江山

我从 1992 年毕业后参加工作，不久即进入院财务处，成为一名财务人员，时光如白驹过隙，至今已 30 多年了。

记得刚开始做会计工作的时候，接触的账簿还都是手工账，包括总账、明细账、银行日记账和现金日记账，其中总账和明细账是活页的，而现金和银行日记账是固定页数，且每页都有编号，这样做的目的是控制资金使用和保证资金安全，看来现金为王的概念一直就有。而明细账的每个科目由不同会计人员在记账，所以有时一本账大家轮流用，偶尔想工作还要排个儿，现在想来也挺有意思的。会计记账都是财务专用笔，笔尖很细那种，后来才知道原因，刚开始记账的时候，我的字写得很大，老师傅就会告诉我，第一次只用每个格三分之一高度，便于以后如有更改在上面继续写，这样每个格可以用三次，多年过去，我还能想起办公桌椅上的那厚厚一摞红蓝皮儿账本。

几年后，各种财务相关的软件开始使用，核理化院最早自己开发工资软件，在八室技术人员的协助下，处里两位同事为此在河东院区老办公楼一楼阴面一个小房间（现北核医院）专门工作了很长时间；后来用友财务软件首先开始在国企普及，财务人员终于告别了手工制单和记账，以前有些繁杂的工作现在鼠标轻轻一点即可完成，不但提高了工作效率，还减少了出错率，报表也能一键生成。从那时至今，经过不断的换代更新，财务已使用了从U系列到NC的多个版本。

从2022年下半年开始，中国原子能财务共享中心落户核理化院，核理化公司、科技公司、亚光公司、新科公司是第一批全业务上线的单位。紧接着，2024年5月，院本部业务上线。说实话，面对新鲜事物，一开始脑子里是困惑和迷茫。首先，前期的工作量很大，要逐条写审批流程、提供规章制度、部门和人员信息、岗位设置情况等；最后，在过程中是边学、边教、边改，可后来渐渐熟悉后，还是发现了共享流程的优点：一是业财融合加深理解。因为共享工作特点，业财人员沟通多了，双方都进入到对方的领域，业财融合，加深了理解；二是保证了数据的及时性。影像上传做到实时有据可查；三是支付快捷。通过指令快捷支付，解决了出纳人员大部分的工作；四是审批便捷。友费控方便随时随地审批，业财人员也可以利用任意一台商网电脑处理业务；五是节约时间。随着平台的优化和软件开发，一些适应自己需要的报表、经济分析也将出现，会直接助力财务工作。

核理化院成立60周年，有幸我见证了后半段，32年的财务经历，我见证了院财会工作不断进步的软硬件条件，也见证了两三代从业人员与时俱进的工作方式和不变的严谨作风，相信未来，这个团队会加快转型，实现自我革命，为院发展服务。

科研与生产并重中涅槃

中核科技公司　刘仲杰

2008 年，我带着满腔热情和无限期待加入了核工业理化工程研究院，成为一线科研生产班组的一员。初入核理化院时，面对全新的环境和工作内容，我既兴奋又紧张。许多设备和工艺流程对我来说都是陌生的，需要花费大量时间去学习和适应。但正是这种挑战激发了我的学习热情，让我逐渐掌握了各项技能，积累了宝贵的经验。在这个过程中，我也体会到了核理化院对于新员工的包容与培养，通过各种培训和实际操作，我的技能得到了迅速提升。

在一线工作，既要面对科研任务的挑战，也要应对生产任务的压力。科研项目通常要求我们不断创新和尝试，而生产任务则需要严格按照工艺流程，确保产品质量和生产效率。在这个过程中，我深刻体会到了团队合作的重要性。每一次任务的成功都离不开大家的共同努力和默契配合。通过参与多个项目，我逐渐学会了如何在高压环境下保持冷静，如何有效地分配时间和资源，如何与团队成员进行高效地沟通和协作。

多年来的工作经历让我积累了丰富的经验，同时也遇到过不少挫折和失败。每一次的失误都让我反思工作中的细节管理和质量控制的重要性。通过不断的学习和改进，我逐渐掌握了更高效的工作方法，提升了自己的技术水平和问题解决能力。此外，通过不断总结和反思，我也提高了抗压能力和解决问题的能力，能够在面对突发情况时迅速找到应对措施。

在核理化院工作，长时间与同事们朝夕相处，建立了深厚的同事情谊。无论是面对紧急任务还是解决技术难题，大家总是能够齐心协力，共同克服困难。这种同事情谊和团队合作的精神，成为我工作中的一大动力，让我在工作中感到无比的充实和满足。特别是在一些关键项目的推进过程中，团队成员之间的信任和默契显得尤为重要。通过共同努力，我们不仅能够顺利完成任务，还能在工作中找到乐趣和成就感。

在核理化院，科研与生产并重，如何在两者之间找到平衡是我们面临的一个重要课题。科研任务要求我们不断创新，探索新的工艺和技术，而生产任务则要求我们注重效率和质量。通过多年的实践，我逐渐掌握了一些方法，能够在科研和生产之间找到平衡点，既保证了科研任务的顺利完成，又确保了生产任务的高效进行。

随着科技的进步和生产需求的不断提高，核理化院及公司也在不断进行车间设备的更新换代。从传统的人工操作逐渐转变为自动化生产，这是一个质的飞跃。这一转变不仅大大提高了生产效率和产品质量，同时也减少了人为操作可能带来的误差和安全隐患。在此过程中，我深刻感受到单位对于技术革新和现代化生产的重视。自动化设备的引入，不仅使得生产流程更加规范和高效，还让我们有更多的精力投入到技术创新和工艺优化上，为核理化院的持续发展提供了强有力的支持。

在核理化院工作多年，我深刻感受到了核理化院对每一位员工的关怀与培养。从我刚入职时的懵懂，到如今的成长与成熟，核理化院始终是我坚强的后盾。核理化院不仅为我们提供了广阔的发展平台，还通过提供各种培训和实践机会，让我们在工作中不断提升自我。每一次的进步和成功都离不开核理化院的信任和支持。我深知，只有在这样一个充满关怀和激励的环境中，我才能不断突破自我，创造更大的价值。

回顾过去的岁月，我感到无比充实和自豪；展望未来，我对自己和核理化院的发展充满信心。我希望在未来的工作中，能够继续发挥自己的专长，为核理化院的科研和生产贡献力量。同时，我也期待着在工作中不断学习和成长，迎接更多的挑战和机遇。随着科技的不断进步和行业的快速发展，我相信我们核理化院将在未来迎来更多的发展机遇和挑战。而作为单位的一员，我将继续秉持学习和创新的精神，不断提升自己的技术水平和综合素质，为核理化院的发展贡献自己的力量。

在核理化院工作了十多年，我深刻体会到了工作的意义和价值。每一次挑战和成功，每一个项目的完成，都让我感到无比的成就感。在未来的日子里，我将继续努力，不断提升自己，为核理化院的光辉事业贡献自己的力量。希望我们的核理化院在未来能够取得更加辉煌的成就，也希望我能在核理化院的发展中，实现个人的成长和梦想。通过不断的学习和实践，我相信自己能够在科研和生产领域取得更大的突破和进步，为核理化院的发展做出更大的贡献。同时，我也希望能够与同事们一起，共同迎接未来的挑战，共同分享成功的喜悦，共同书写核理化院发展的辉煌篇章。

科研圣地的心灵之旅

中核科技公司　张兆映

阳光洒在核理化院的院墙上，映照出一片辉煌的历史痕迹。我怀着忐忑而又兴奋的心情，跨入了这个神秘而伟大的科研圣地。这里是众多科学家倾注心血与智慧的地方。我不禁想象，几十年前，这里是否也曾有人像我一样，怀着对未知的憧憬，迈出了探索科学的第一步。

初次踏入核理化院的大门，我便被院内厚重的历史氛围和现代化的科研设施深深吸引。在综合楼的大厅里，墙上挂满了核理化院六十年历程中的珍贵照片和重要成果展示。每一张照片背后，都是前辈们无数个日日夜夜的辛勤付出和默默奉献。尤其是那些老科学家，他们用智慧和勇气，铸就了中国核工业的基石。

穿过综合楼的大厅，我仿佛听到了历史的低语。墙上那些泛黄的照片和斑驳的奖章，诉说着核理化院六十年的辉煌岁月。那些名字、那些面孔、那是故事，虽然我并不熟悉，但他们的精神却深深地感染了我。他们曾经为了国家的核事业，夜以继日，废寝忘食，用他们的青春和智慧，为我们今天的幸福生活奠定了坚实基础。

在综合楼的一角，我停留在一幅老照片前。照片中，几位科学家在简陋的实验室里，围着一个实验装置，专注而又严谨。他们的眼神中，充满了对科学的执着与信仰。我想，这种精神，正是核理化院最宝贵的财富。每一张照片，每一件展品，都在无声地诉说着核理化院的光辉历程。

走出综合楼，我漫步在核理化院的院区里。春天的气息弥漫在空气中，花草树木在阳光下显得生机勃勃。小路两旁，是一座座现代化的实验楼，每一座楼里，都孕育着未来的希望和无限的可能。

漫步在院区的小道上，我看到许多景象都让我深感触动。那一排排整齐的树木，仿佛在向我述说着岁月的变迁；那一片片翠绿的草地，似乎在无声地告诉我这里的每一寸土地都充满了生命的气息。这里的每一个角落，都弥漫着科研的氛围和前辈们留下的足迹。

站在核理化院的大门前，我对未来充满了期待。作为新一代的核工业工作者，我深知，自己肩负着光荣而艰巨的使命。我将继承前辈们的精神，发扬“强核报国、创新奉献”的新时代核工业精神，在科研的道路上，不懈追求，勇往直前。

夜幕降临，核理化院的园区变得宁静而神秘。灯光映照下的实验楼，显得格外庄严。我坐在办公楼前的长椅上，仰望星空，思绪万千。在这片宁静的夜色中，我感受到一种深沉的力量。这种力量，来自前辈们无私奉献的精神，来自核理化院六十年如一日的坚守和追求。

作为一名新员工，我很快融入核理化院这个大家庭。这里的每一个人都充满了热情和友好，无论是资深的老前辈，还是刚入职的新人，大家都像一家人一样互相关心和帮助。我与团队成员共同工作，大家分工明确，配合默契。每当我们遇到难题时，大家都会聚在一起讨论，集思广益，寻找解决问题的办法。正是在这样的团队合作中，我深深体会到“团队精神”的重要性。无论是成功的喜悦，还是失败的教训，我们都共同分享，共同成长。

在核理化院，科研精神无处不在。这种精神不仅体现在实验操作的严谨和科学研究的认真，更体现在每一个核理化人对科学的执着追求和对国家的无私奉献。正是这种精神，激励着一代又一代的核理化人不断前行，攻克一个又一个科研难题，为国家的核工业事业做出了巨大的贡献。

展望未来，我希望自己能够在核理化院这个平台上不断成长。无论遇到多大的困难和挑战，我都将以饱满的热情和坚定的信念，投身于科研工作当中。我相信，只要我们每一个核理化人都能坚守初心，勇于创新，就一定能在科学的道路上取得更多的突破和成就。

初入核理化院，我从这里的每一寸土地，每一个故事中，感受到了深厚的历史底蕴和蓬勃的创新精神。在这段心灵的旅程中，我找到了前行的方向，坚定了追求科学的信念。愿在未来的日子里，我能与核理化院一起，继往开来，共同谱写新时代的辉煌篇章！

在这段文字中，我不仅记录了自己初入核理化院的所见所感，更表达了我对核理化院的深厚感情和美好祝愿。我相信，在这个充满历史底蕴和创新精神的地方，我将迎来一段充实而有意义的工作生涯。让我们共同努力，为核理化院的美好未来而奋斗！

守好科研工作的“生命线”

理化分析检测中心/环境治理中心　关宁昕

2024 年是新中国成立 75 周年，也是我国第一颗原子弹爆炸成功 60 周年，还将迎来核理化院成立 60 周年。60 年来，核理化院始终牢记使命、勇于担当，以解决我国核工业发展重大科技问题为己任，取得诸多重大原创成果，培养造就了一大批科技领军人才，为我国核工业事业发展作出了重要贡献。

步入核理化院河东院区，透过行道树斑驳光影散布在一座座古朴建筑的外墙上，无声地诉说着光辉岁月的故事。每年八月盛夏，都是入职核理化院新员工的梦想启航之时，时任院研究所领导的姜宏民给我们 2010 级新员工讲授了走向工作岗位的第一课，理论培训课程内容丰富，从基本概念，再到物理公式推理验算，他结合自身科研体会，谈到了他的恩师诸葛福先生从事科研工作、言传身教的故事。并语重心长告诫我们：科研工作是一项长期的事业，需要付出很多的努力和汗水，搞科研必须基于客观实验总结内在规律，始终保持严谨的科学精神深深印刻在我们同批入职新员工的心中。

前辈的科研学风一脉相承，诸葛福先生的老师正是王承书院士，《筑梦——核理化院故事集第二辑》中收录了诸葛先生撰写《言传身教的王先生》，王院士常说：“‘不能就式论事（即就公式来论事）！’搞研究光知道结论不行，必须搞清楚产生结论的内在规律，才能举一反三，才能判定哪些数据是不可缺少的，哪些数据是可以省略的。”凡是受教于王承书的人，都深深地被她严谨的治学态度所折服。工作中，王承书身体力行，从不忽略任何一个疑点，不轻易下结论。每次观看核理化院原创话剧《王承书》、参观全国科学家精神教育基地——王承书纪念馆时，我都能深刻地感受到以王承书院士为代表的老科学家高尚的科学道德和优良学习。

这让回想起大学期间，很多老师都是结合幻灯讲授课程内容，同学们似乎也习惯了边看纸质讲义边听老师讲解，但是讲授物理化学课程的一位老教授仍是坚持使用板书，一节课下来满满的好几块板书。教授认为他在书写时，大家可以跟着他的思路去思考理解，严谨学风至今印象深刻。从入院工作至今，这十多年间我感受到了诸多承载传统严谨治学印记的人与事。进入工作岗位后，在实验室书柜中看到了很多工具书，部分书籍频繁翻阅都已出现了纸张脱落，部分纸张上留有钢笔字迹，清晰标记了书中印刷有误的字符，严谨的治学态度贯穿于字里行间。之前与部门老同事聊到了院内变迁，谈到我在实验室看到一篇论文手稿中标题、引言、方法、结果与讨论都是工整地手写而成，全篇没有一处修改痕迹，而现在电脑、工业化软件已经融入科研工作，绘图计算、撰写论文都已变得更为便捷，惯于电子化办公，我们有时还会出现提笔忘字的情况。老同事听完后，拿出一沓 1986 年编制的计量管理图，笑着问道，这资料是不是比你还年长？我接过资料，封面上清晰签署有中心计量室编制、钱皋运院长批准字样。前辈们当年工作资料完好保存至今，翻开这承载有光荣岁月印记的图纸，长度量值传递系统图、温度力学量值传递系统图、单氟磷酸钠工艺质量控制检测网络图……尽管受限于当年客观条件，每份图都是手工绘制而成，但图形排列整齐、流程清晰、每条线段粗细一致，严细融入一切这句话生动体现在眼前这份图纸中。

优良的作风和学风是做好科研工作的“生命线”，是建设创新型国家和世界科技强国的根基，决定着科技事业的成败。党的二十大报告强调，培育创新文化，弘扬科学家精神，涵养优良学风，营造创新氛围。我们每一位核理化院员工要积极行动起来，传承和发扬“两弹一星”精神、“四个一切”核工业精神和“强核报国、创新奉献”新时代核工业精神，争做重大科研成果的创造者、建设科技强国的奉献者、崇高思想品格的践行者、良好社会风尚的引领者，在拼搏奋斗中不断创造佳绩，书写核工业创新发展的辉煌篇章！

仰望夜空中闪耀的星

科技创新与数字化部　张学峰

时间是一张唯美的纸笺，书写着一路的奋斗与艰辛，抑或风正云帆、直济沧海，抑或栉风沐雨、砥砺前行。六十载雨雪风霜，六十载沧桑变化。当时光燃烧成刹那的火焰，那拼搏的辉煌就成了永恒不灭的绚烂！

漫过时间的长堤，一些回忆猛然间涌至心头。犹记得，2022 年到 2023 年间，新一代专用装备研制工作如火如荼。在为推进关键核心技术攻坚突破，加快实现项目技术指标的关键时刻，核理化院先后成立了新一代专用装备冲刺“专班”和“两总”系统。在攻关组织的统筹谋划下，研制团队齐心奋战、聚力攻坚。经过将近两年的艰苦奋斗，终于提前 9 个月达成项目核心指标，于 2023 年圆满达成项目研究目标。

执着与奋斗，是永恒不变的旋律。专用装备研制团队为了坚守的信念与梦想，一直在执着而坚定地努力着，纵然八千里路，也愿以云月为伴。将所有的平静与波澜，都化成纷飞的心绪，轻轻摇曳，悠悠飘远。吹响前进的号角，在明媚的阳光中追逐梦想。长途漫漫，奋力前行，在逐梦的路上，奔跑不息——这是核理化人的旋律。

感叹着一路上的繁华与萧索，憧憬着未来的美好和希冀。渴望着梦想的景色，万般旖旎，明妍如诗。风乍起，几片叶子缓缓飘落，在空中划过几道优雅的弧线，最后隐入尘泥。那些不变的执着，如花火般在心中燃起——这是核理化人的憧憬。

风铃声声，震彻了漂无所依的脉搏。繁星点点，点缀了深邃悠远的梦境。在拼搏中寻觅坚强，在奋斗中感悟成长，在宁静中懂得守望。悄然消逝的流光幻化成深沉厚重的凝望，踏上寻梦的征途，撑一支长篙，在星辉斑斓里放声歌唱。在核理化院，有一群勤劳而奋进的人们，心怀强核报国的梦想，为了从未忘却的信仰，用激情和热忱撑起一片天空，让勇敢的心展翅翱翔。微风清凉，轻盈地掠过脸庞，悠悠地奔向远方。心中的渴望，仿佛一支悠扬的短笛，满载着从不肯妄弃的梦想，在宁静的夜里格外嘹亮——这是核理化人的脉搏。

月色，淡淡，犹如静静的野菊绽放。愿斟一壶清茶，于这一片静谧中，思索梦中不变的追逐。心儿，有时是一只易碎的玻璃杯，晶莹而脆弱。而那无边的心绪，就如杯子中盛放的酒水，微风过处，总会泛起点点波痕——这是核理化人的绽放。

于静谧的时光中，想起核理化院无数动人故事，于是对“强核报国、创新奉献”的新时代核工业精神有了颇多领悟，许多情感，不能自已，遂写下几段文字，聊以抒怀。院里的许多感人故事，会是激励自己不断努力奋斗的动力。不忘初心，坚守梦想，愿长风破浪！静思，品茗。仰望夜空中闪耀的星光，不觉莞尔，那，就是核理化院。——这是核理化人的故事。

那些娇妍如花的时光，静静地在回忆中绽放着，一如马蹄哒哒，踏过了单薄的等待，在无垠的旷野中不知疲倦地地奔向远方。那些渴望中的追逐和向往，已伴着清脆的鸟鸣，开始了崭新的飞翔。在核理化院，科技工作者们始终传承着“许党报国、厚德至诚、温蕴谦恭、精微致远”的“承书风范”和“忠诚奉献、担当育才、广博严谨、睿智豁达”的“念念风范”。他们潜心钻研，奋力拼搏，不惧艰难，勇于开拓，不断为专用装备研制事业贡献力量。先辈们的崇高精神，会如不灭的星光，激励着无数的爱国者为实现伟大的中国梦而不懈奋斗！——这是核理化人期许了一甲子的担当。

逝者如斯的流光带不走长风破浪的渴望，时光，仿如缥渺的梦影，倏忽间业已成空。风起流年，漫看千帆尽过；萧萧落木，切待滚滚长江。核理化人高奏着拼搏奋进的凯歌，在新时代的追梦征途中凝心聚力、再创辉煌！

仰望星空，月华如水。回忆着多年以来在院里的所见所闻，感慨着许多人追逐梦想的努力和执着。在追逐梦想的征途中，总不缺明艳的风景与绚丽的阳光。愿采撷一枝鲜妍的奋斗之花，让追逐梦想的路上，多一些亮丽的色彩与希望。今年是核理化院建立60周年，感触良多，作文《感怀》以志之：

甲子岁月忆峥嵘，沧桑砥砺尽恢弘。
腾云核爆惊环宇，雷霆震慑破苍穹。
西风寥落一时寂，东日初升万里晴。
奋楫扬帆报国志，抟摇鹏举跃长空。

仰望那夜空中闪耀的星光，不觉莞尔：那，就是你和我、我们大家、中国核工业的核理化院。

“闯”青春 “创”未来

理化分析检测中心/环境治理中心 何雨珊

时光荏苒，岁月如梭。眨眼间，我已经在核理化院这个大家庭中度过了十二个春夏秋冬。回首过往，从青涩的少年到成熟的中年，从刚进院的懵懂无知到逐渐成长，核理化院见证了我成长的印记。2024 年是核理化院成立六十周年的大庆之年，我有幸见证了单位日益壮大的过程，核理化院承载着我所有的职业荣光和梦想，我为能够成为核理化人感到骄傲和自豪。

作为子弟，我小时候经常到单位门口接爸爸下班，总会被门口的企业标志吸引住我的目光。那时候并不理解其中的含义，即使爸爸跟我讲解，但是年幼的我仍然不能完全理解，只是粗浅的认为是跟“核”相关，并对此神秘而向往。上班之后，我被院内浓浓的科研气氛所感染，敬佩前辈们严谨的科研态度和无私奉献的精神。

核理化院不仅是一所科研机构，更是一个充满人文关怀的大家庭。建院之初，由于选址比较偏僻，单位为了方便职工上班，在马路对面建设了家属大院，同时引进了多条公交线路，方便职工出行，那时候的家属大院寄托了很多职工家庭的温暖，这里也成为了我们院子弟快乐成长的摇篮。大家一起上学、下学，每当放学的时候，家属大院总是充满欢声笑语，孩子们在一起你追我赶，如果有谁家装修，那会更开心，门口堆放的装修沙子，就是孩子们“城市建造”场，小伙伴们搭城堡，挖沙洞，不亦乐乎。核理化院贯穿了我整个的童年，也给我留下了深刻的童年回忆。

进入工作单位之后，有时候看到曾经一起玩耍的儿时伙伴，仿佛我们从没有分开过，看着熟悉的面孔倍感亲切，即使我们的面貌已发生改变，但是儿时一起玩耍的画面犹如在眼前。核理化院这个大家庭教会了我很多书本上学不到的知识。院里经常开展学术交流，鼓励青年人“走出去”，因此不管是在院内还是院外也结交了很多志同道合的朋友，我们一起探讨问题，一起攻坚克难，一起成长进步。在这凝聚着丰富人文精神、尊重知识、尊重人才、团结协作的氛围下，为中国核事业的发展提供了强大的精神支柱和文化支撑。核理化院为一批批的青年人搭建了可以尽情施展才能的舞台，使我们开阔了眼界，增长了知识。

六十年的风雨兼程，一代代核理化人的赓续奋斗铸就了中国核工业的辉煌。从早期的“两弹一星”精神，“四个一切”核工业精神，到现在“强核报国，创新奉献”的新时代核工业精神，核理化院始终坚守着为国家核事业发展贡献力量的初心。这种精神在科研实践中得到了充分的体现和传承，从王承书先生的“我愿意”，舍弃国外的优渥生活，在极其艰苦的条件下，以顽强的意识和不懈的努力攻克了一个又一个技术难题；到现在更多青年的“我愿意”，在工作中贯彻集团重大工程精神“勇担使命，奋发图强，协同攻坚、敢于超越”。习近平总书记说过，青年是国家发展的希望，因此我们中核青年积极投入到科研事业中。站在历史的起点上，核理化院始终秉承“强核报国、创新奉献”的新时代核工业精神，核理化人将肩负起更加光荣的使命，为实现中华民族的伟大复兴贡献力量。展望未来，我们有理由相信，新时代的核理化人一定会继承老一辈科学家的奉献精神，在科技创新的道路上走得更远、走得更快。

让我们携手共进，共同开创核理化院更加辉煌的未来！如今，核理化院迎来了六十华诞。在这个特殊的时刻，我想对核理化院说一声：生日快乐！感谢你陪伴我成长，给予我知识的力量。在未来的日子里，我将会更努力，为核理化院的发展贡献自己微薄的力量。六十载风华，让我们携手共进，共创美好未来！

靠谁不如靠自己

八所　张凯

核理化院走过了整整一个甲子。60年对一个单位来说，应该有很多值得记忆和留念的事，科研硕果累累、成果转化丰硕，多名国家领导人莅临我院参观指导工作。但对于我来说，有一次难忘的出差记忆感悟颇深，至今让我难忘，这次经历始终激励着我一次次从困难走向胜利。

2008年初，罕见的寒潮天气席卷着中华大地，北方地区频下暴雪，甚至长江以南的湖南和浙江等地下起多年未见的大雪和冻雨。当时我在器材处工作，接到去青岛平度出差的紧急任务，我和当时器材处的两位科长孙国才和王洪武一同顶风冒雪前往天津西站。由于雨雪天气，动车晚点，到达提前预定的招待所已是深夜。匆匆填饱肚子后，我们走进一间三人铺位的房间，顿时傻眼——没有暖气，室外零下10摄氏度左右，还飘着雪花，我们三人穿着羽绒服坐在屋里，空调暖风打到最高温度，室内温度才2～3摄氏度，我们三人一致放弃了洗澡的念头……

“这是什么住宿条件啊”，三人不约而同地抱怨起来，随后从服务员那里了解到，由于该招待所平时客人较少，为节省成本，没有缴纳当年取暖费……我们联系了接待人员，对方在了解实际情况后，表示非常抱歉，没有提前了解情况，答应明天一早再帮我们另寻其他住宿，于是我们拖着疲龛的身躯，穿着羽绒服盖着棉被，吹着暖风进入梦乡。

转天早上，我们来到厂区就采购具体事项进行洽谈，当我们步入车间后，三人瞬间呆滞，车间的各类操作工人均是身高不足 1 米的侏儒症患者，他们有着成年人的面孔，但却穿着童装童鞋。他们有的站在木台上一丝不苟且熟练操作机器，有的在检验区用卡尺认真检验着零部件合格情况，有的在车间后门操作着天车准备装箱……这时，一位副厂长急匆匆地跑了过来，和我们寒暄了几句，看出我们的疑惑，于是说：“我们厂长也是名残疾人，以前在广东那边打工做过学徒，学了一些机加工的技术，带回来多台二手日本进口设备，从银行贷款办了这个机加工厂，为了帮政府解决残疾人就业生活难题，厂长特意招聘了数十名周边十里八乡、具备劳动能力的残疾人，最远的有从山东德州来的，除了你们看到的侏儒症，还有聋哑人、盲人和肢体残疾，厂长挨个手把手教他们操作机器和使用电脑，他们学的也非常认真，都在干一些力所能及的工作，厂里员工总共 110 人左右，除了几位管理和业务人员外，其他均是残疾人，共有 90 多人，当地政府给予最大限额的税费减免，厂里还给全体职工上缴医疗保险和养老保险，确保他们今后有保障”。听到这，我们对这个工厂不由得产生敬畏之情。这时一辆汽车驶入厂区，从车上下来一位残疾人，拄着双拐匆匆向我们走来，“他就是厂长”，副厂长给我们引荐。圆方脸、络腮胡，说话嗓音洪亮、底气十足，典型的山东汉子，实诚、谦逊、有礼数，他带着我们参观厂区，对产品的各个生产环节进行详细介绍，又和我们就采购的相关规格、标准以及分批到货数量进行一一确认，在电话征求处领导同意后，双方明确了合同的具体内容和细节。洽谈结束后，接待我们的副厂长执意要帮我们再找其他住宿地点，我们婉言拒绝，表示临近春运况且单位还有其他重要工作安排，需即刻回津。

在回津前，我们三人到附近的大众浴室洗了个热水澡，祛除寒意，畅谈此次出差的感想，刚来时的抱怨不满之情也换成了对这个厂及其职工的由衷敬佩，“身残志坚”——他们用诚实劳动，赢得尊重，用自己的劳动保障自己的生活，而不是等政府救济和别人施舍，正可谓靠谁不如靠自己。

回顾院 60 年的发展历程，科研方面，我们取得多个机型的研制成功，1 号、2 号专用装备均已实现工业化应用，为我国核工业的发展做出巨大贡献，为国防事业增添浓墨重彩的一笔。20 世纪 90 年代，院民品项目可谓“百家争鸣”，磨粉机、色选机、减速机、单氟磷酸钠、特种气体等名扬国内外，这是院全体干部职工刻苦钻研、努力拼搏的结果。目前，我们院正处在 3 号专用装备和新型专用装备的考核试验和攻关期，试验用的关键尖端设备和技术受到西方国家的封锁，同时，为持续不断创收，院大力支持科研成果转化，鼓励开拓集团内外市场。我们当前面临的困难和问题层出不穷，我们遇到的别人也会遇到，想获得成功拼的就是信念和毅力。院全体干部职工要坚信“靠谁不如靠自己”的信念，我们以前靠自己能够创造辉煌，现在依然可以、肯定可以！“行百里者半九十”“梅花香自苦寒来”，越快到胜利的顶峰，“风雪”就越大、阻碍就越大、困难就越多，我们再咬咬牙，坚持一下，胜利就在我们眼前！

祝愿核理化院靠自己的努力，创造下一个 60 年的辉煌。

勾勒一场穿越时空之旅

工程管理中心　郝书君

每次踏入古朴的河东院区，都犹如一场穿越时空的旅行，这里的一砖一瓦、一草一木都凝聚着岁月的积淀，见证了核理化院 60 年来砥砺奋进的发展历程，承载着 60 年来一代代核理化人的拼搏奋斗。

继承和发扬始终装在核理化人心底。在设计河东院区改造方案时，我们秉持创新与重生的同时，也坚持最大限度延续历史的积淀。将斑驳的砖墙结构融入现代设计之中，让历史的肌理与未来的想象交织共鸣；将绿色生态理念融入工业设计之中，让科学的严谨与蓬勃的生机交相辉映。在这块核科学技术事业的荣光之地，我们以一笔一画勾勒未来。效果图上斑驳的墙壁换上了鲜亮的外衣，一系列核工业发展的景观静静诉说着往日的故事，赋予这片土地崭新的生命力。

如何把效果图完美地呈现出来，便是我们部门的责任，在施工过程中，我们强调安全第一，严格遵守操作规程，严格遵循“六大控制七个零”管理规范，力求在保留遗韵的同时，赋予其现代气息与活力。

施工的初期，一项不可忽视的任务便是搭建施工围挡。这不仅是安全的象征，也是文明施工的标志。优美的语句难以形容其粗犷的外观，但正是这道临时的屏障，确保了施工现场与外界的隔离。安全是施工过程中的重中之重，在预防安全事故方面，我们需制定严格的安全规范，确保每一项工作都有明确的操作指引。警示标志醒目地张贴于显眼位置，如同警钟长鸣，提醒着每一位进入现场的人时刻警惕潜在的危险。配备齐全的安全装备，如头盔、安全带、防护网，它们不仅是保护工作人员人身安全的盾牌，也是工程顺利进行的保障。此外，紧急情况下的应急预案和救援设备也一应俱全，确保在突发状况时能够迅速有效地采取措施，最大限度地减少伤害和损失。

施工过程中，检验材料质量是确保工程品质的关键环节。每一批进场的材料，都要经过严格的筛选与审查。从源头把控，对供应商的资质进行评估，确保其具备相应的认证和标准。材料到场后，专业技术人员要对其进行详细的检查，包括外观尺寸、性能指标以及耐用程度。任何一项指标不符合规定，都需立即报告并予以退换，绝不允许次品流入施工环节。我们深知，只有以最严谨的态度去对待每一份材料，才能构筑起坚不可摧的建筑精品。

监督施工过程是确保项目顺利进行的重要环节。在这个阶段，我们密切关注施工进度、质量和安全等方面的情况。通过定期巡查现场，及时发现并解决可能出现的问题，确保工程按照既定计划稳步推进。同时，我们还要与各个参建单位保持良好的沟通与协调，共同为项目的顺利完成而努力。

随着最后一抹涂料的平滑涂抹，旧厂区改造工程终于迎来了验收完工成果的时刻。我们站在这经过无数个日夜辛勤耕耘后焕然一新的院区上，心中涌动着难以言喻的喜悦与自豪。阳光透过斑驳的树叶，洒落在光滑的地面跑道上，反射出淡淡的光泽，仿佛在诉说着过往岁月与现代时尚的完美融合。每一块砖石、每一处细节，都经过精心雕琢，无不展示着卓越的工艺水准和非凡的设计品位。走在宽敞明亮的走廊，每一步都踏着坚实的地砖，回响着清脆悦耳的声音，似乎在讴歌着改造成功的喜悦。

项目完美收官之际，我们以庄重的态度进入交付使用管理阶段。这一环节，是对整个改造项目的最终检验，也是实现旧院区换新颜的关键一步。我们将对每一个细节进行细致的审查，确保所有建设工程正常，安全规范得到严格遵守。同时让这片重生的土地，焕发出新的活力，更成为高效、环保、和谐的工作家园。

“承书风范”的传承者——核理化人

——“核工业精神”党课报告之感悟

中国原子能出版社 韩霞

2019年6月，有幸受邀到核工业理化工程研究院，作“以核强国，逐梦而行”专题党课报告。从核工业的战略地位、核工业发展与展望、核工业精神内涵等方面进行了讲授。回顾参加这场报告的前后经历，我感慨颇多。不愧是王承书先生的传承者，核理化人身上深刻体现了——“许党报国、厚德至诚、温蕴谦恭、精微致远”的“承书风范”。

心的感动

来到现场时，我感到震惊，开阔的会场，坐满了人；第一排是党委书记封志强，院长梁光扶等领导；后面是党员干部130余人；院里的领导都来了。一种从未有过的被尊重、被珍视的感觉，在心中逐渐升腾。如此高的接待规格，远远超过我的预判与想象。

热烈的期盼、信任的眼神，让我瞬间感受到核工业人的特质——那种质朴、信任、深情与厚爱。因为我要表达的是，几代人为之魂牵梦系，甚至付出生命代价的核工业发展历程；我要阐述的是，核工业发展的重要阶段和取得的巨大成就；我要讴歌的是，根植于核工业人血脉中的家国情怀！

一字之师

起初的报告名称是“以核强国，逐梦而行”，开场白时，封书记说的是“以核强国，逐梦前行”。诸多因素，现场无暇顾及一字之差。后来回味，方觉这一字改得当真是精妙至极。“而”在古汉语中，多为虚词，起并列、承接与转折的作用，没有实际意义；“前”字，不仅具有方向性，还很有力度。彰显了核工业人的做事严谨态度和对事业的不懈追求！

前世今生

曾经做过几本集团成员单位的史书和人物传记。核理化院想邀请我到“核理化大讲堂”讲课。开始以为是玩笑之词，数次婉拒。虽已“沉浸”十年有余，耳濡目染，但资历尚浅，如何驾驭这场气势波澜壮阔，内容博大精深的讲座呢！

直到核理化院的朋友道出缘由，我才算信服。基于《核工业北京地质研究院发展史》《浴火重生——中国核工业集团公司调整改革历程（1999—2014）》《永恒的丰碑——王承书传》等核工业史志和人物传记的出版，他们认为，我了解核行业知识，理解核工业精神，加之特有的诗性情怀和丰富的报告经验，驾驭这场报告游刃有余，而这些行外人都无法比拟。

于是，着手收集资料，整理素材，忙活了一个多月，内心才算稍有底气。日复一日，仔细推敲，反复琢磨后，那首饱含深情，气贯长虹的对联横空出世了“忆往昔　热血男儿　驰骋疆场　保家卫国；看今朝　中华将士　征战北山　守卫净土”。横批“慨然应允万年诺，让君如何不动容”！

亲临现场后，礼遇如此之高，期盼如此之深，氛围如此之浓烈，更是将我的情感激发到顶点。一场恣肆徜徉，荡气回肠的报告诞生了！过往艰辛得以在史诗般的画卷中舒展铺开，炙热深情得以在时空交错的场景中全然释放！之所以全情投入，因为我始终希望："每位中国人，爱国思想永驻心底，家国情怀荡漾于胸！每位核工业人，忆起青春年华时，无怨亦无悔！"没有国，哪会有家？

"承书风范"，代代相传！愿核理化院在新征程中，再立新功，再创辉煌！

没有成为学生的学生

人力资源部/党委组织部 谢庆

我是 2003 年来到核理化院的，在原八室学习了一段时间，2005 年转入原八室工艺组。在这个过程中先后接触了运行组和工艺组的一些前辈们，他们是“四个一切”核工业精神的践行者，让我切实体会到了核理化人严慎细实的工作作风。

由于试验系统设计工作需要，2005 年我转入了工艺组，也有幸与“传说中的人物”——梁伯勋、诸葛福两位研究员有了更深入的交流。但是没能成为他们的学生，一直是我心中的一件憾事。两位前辈的业务能力和高尚品格令我敬佩不已。在此说几件小事，回顾一下前辈们的风采。

在参与试验系统设计工作时，我遇到了布局设计的问题，于是带着自己的方案请教梁伯勋老师。梁老师听后马上指出了我方案里的问题，并给出了指导建议。经过梁老师的讲解，我对这项工作的认知深度和高度提升了不少，问题也迎刃而解。

对于理论研究和试验的关系，梁老师曾说过“理论研究一定要能够提供研究方向，它是试验的一个指导，不一定完全符合，但方向应该对！”在一次试验技术讨论中，梁老师询问：“这些参数有没有异常信号？”回答者说：“没有！”但在后来的试验中却发现了问题。梁老师看着试验数据说：

“这是有的，不是没有，前面的测试部门是没看到还是没有说？你们所有的科研人员一定要实事求是，有就是有，没有就是没有。”

平时在办公室里，两位前辈除了处理工作，也总是在学习。他们二位都是 60 年代的清华大学毕业生，在学校学习的外语是俄语。可是我却看到他们时常在阅读英文文献。同事们告诉我，两位老师的英语都是自学的，并且都是英语“大牛”的级别。

事实上，他们的学习内容并不局限于自身业务领域。有一次梁伯勋老师与诸葛福老师聊天，“你知道什么是气候难民吗？”诸葛老师答道：“不知道，老梁你讲讲。”于是两位老师围绕“气候难民”热火朝天地讨论了起来。我们年轻人在一旁听他们二位聊天，既惊讶于两位老师对时事的关注，又敬佩他们对热点词汇的学习和了解，程度之深甚至远超年轻人。两位老师早已将学习融进了生活，并且会深度思考提出新的想法，这也让我们这些年轻人感到敬佩与自愧不如。

在一个办公室共事的时间是短暂的，很快两位老师就不再返聘了，我也在某段时间重返学校深化学习，与老师们共事的这段宝贵时间却令我终生难忘。在之后的工作中，每当遇到困难，我会想起两位老师，想到他们用行动践行核工业精神，内心也油然生出一股力量，支持我继续前行。

平凡岗位守初心 押运路上显忠诚

保卫部 郝薇

1963 年 11 月，二机部决定在天津建立铀同位素分离研究所，随即成立了筹备处，并将天津钻镗厂和北京原子能研究所六一五室划归筹建处，筹建期间原工厂保卫科建制未变，仍负责工厂的保卫工作。筹备处的保卫保密工作也由专人负责。华北六〇五所建立后，设置了保卫保密处，处领导和保卫保密干部分别由河北省公安厅、天津市公安局、解放军和地方企业调入。1964 年 6 月，保卫保密处所需干部基本调齐，主要履行治安、保卫保密职能及产品图纸资料的押运等工作，在随后的 60 年中，运输押运重要试验设施和材料工作一直是保卫部负责的工作之一。

押运工作是一项有点“神秘”的工作，执行任务前，参与押运的保卫人员对任务的时间、路线等情况一概保密。当时初到保卫部的我出于好奇向队员们打听，他们始终守口如瓶。只有在任务结束后，偶尔能听他们提起路途上的辛苦和遇到的突发状况。

押运安全无小事，为了保证运输过程可控，保卫部对行进的路线、车辆时速，途中住宿等都要进行调研。接到押运任务后会同相关部门制定运输押运方案，安排人员参与押运。出发前一天，负责押运的同事还要监督装车。

为了避免货物在运输途中损坏，运输车辆的车速不能过快，长距离的运输从出发地到目的地一般就要走上 3～4 天，在这几天中，押运队员要保证货物不能离开视线范围，白天途中休息、吃饭要轮流看守，晚上司机和其他人员入住宾馆休息，押运队员就要在车上看着货物，轮流休息。只有货物顺利抵达目的地完成移交，保卫人员才算完成任务。

2021 年押运任务繁重频次多，经常是一组人员刚完成押运任务回来，另一组接着就要出发，由于疫情防控的要求，回来的同志还要进行隔离，有段时间，只剩下 1 人留守看家。那年的押运工作从明媚春天一直持续到寒冷冬日，西北的冬天寒风凛冽，白天气温在零下十几度，晚上便能达到零下二十几度，晚上在车上值守是个苦差事，若是赶上下雪天，道路更是难行。还有一次，车队在行驶过程中遭遇沙尘暴，能见度只有 50 米，可高速上不能停车，否则更危险，只能慢慢前行。就是这样，大家没喊过苦也没喊过累，出色地完成了一次次的运输押运任务，安全、准时地将一批批物资运抵了目的地，全年总行程约两万多千米。

时间进入到 2022 年，也是疫情暴发的第三年，全国各地疫情频发，给押运工作带来了更大的不确定性。能不能按时出发，中途会不会被隔离，途中有没有休息的地方，沿途疫情严不严重，会不会有感染风险，能不能按时抵达目的地？大家心里都没底，但为了确保不延误工作，保卫部成立了押运突击队迎难而上。路上的状况也和预想的一样，各地管控很严，吃住行都很难。如果车辆中途下高速入住宾馆就要被隔离，大家就决定全程不下高速，到了晚上就将车辆停到服务区在车里休息。吃饭也成了难题，服务区的餐饮全停，大家就顿顿吃着自带的方便面，干粮。同时还要做好自身防护，避开人群防止感染。就这样一路风餐露宿，日夜兼程赶往目的地。2022 年保卫部执行押运任务十余次，均按时抵达，零事故零感染，再一次向院/公司党委交上了一份满分答卷。

一次次的出行执行任务，是无数人的挂念，也是几个家庭的牵挂。每次执行押运任务回来，跟同事们道辛苦，他们只是淡淡地说“这是我们的工作啊”，便不再多说。他们虽不善言辞，但却一直以实际行动践行着的保卫部工作方针，以自己的辛勤工作守护着核理化院/公司的和谐稳定。

时间步入 2024 年，押运工作也还在继续，今年是院/公司成立 60 周年，我们既是核事业的建设者，也是核事业的护卫者，新的发展阶段，保卫部将继续贯彻落实习近平总书记重要指示批示精神，在院/公司党委的坚强领导下，强化使命担当，切实履行首责首要，在新的征程上，全力保障高质量完成各项工作，做院/公司忠诚的守护者，为院高质量发展贡献属于保卫人的力量。

团结就是力量

科技创新与数字化部　孟祥姝

大家都知道，蚂蚁虽小，却善于团队协作，以小胜大。在复杂艰巨的科研任务面前，核理化院的每一位科研人员就如同一只小小的蚂蚁。大家齐心协力，组成了一支强大的“蚂蚁大军”，攻克了复合材料工艺难题。

在实验室里，复合材料团队的科研人员们有条不紊地进行着工艺试验。突然，随着几声微弱的类似东西断裂的声音引起了实验操作人员的注意。“你们听，这个声音……好像时不时会出现，这是不是说明……我们的工艺……存在一些设计问题？”

大家的表情突然变的沉重，没有人愿意相信这个猜想。这次实验方案，是大家潜心研究多日的成果，如果真的有问题，意味着很有可能要推翻从前的设计，从头开始。但科研工作揉不得沙子，发现问题就一定要解决。

团队全员抗住来自外界的质疑和来自项目时间节点临近的双重压力，大家各抒己见，研讨问题出现的可能原因与解决方法。修改张力制度、优化固化制度、改进参数……尝试了多种方法，问题依旧没有解决。大家陷入深深的疲惫、沮丧以及自我怀疑，团队的凝聚力似乎也在逐渐减弱。

深夜，办公室依旧灯火通明。康永胜博士站起来，看着疲惫的团队成员说：“我们每个人都为了这个项目付出了巨大的努力，我知道大家都很累，但我相信，只要我们团结一心，没有什么是解决不了的。当初团队建立之初，我们的前辈们从零开始，都能攻坚克难。现在我们有几十年的技术积累，有多个领域的技术专家，我不相信我们解决不了眼前的问题。现在唯一的问题就是时间紧任务重，我们要克服自己内心的抵触情绪，丢掉打退堂鼓的想法，不理会外界的质疑，团结一致，破釜沉舟，一定可以解决问题！”他的话像一支强心针，激起了整个团队的斗志。我们解决问题，是为了科研任务，也是为了超越自己。

实验室里，设备仪器又开始运作；办公室里，大家再一次次地计算，稍有不完善就推翻重来；会议室里，大家各抒己见，研讨方案。大家互相鼓励，互相分享经验，合作愈发默契。所有人忘记了下班时间，不断提高设计和实验精度。每个人都在为共同的目标努力着，仿佛有一股巨大的力量支撑着大家，有一个信念把所有团队成员连在一起。

“裂纹！这里有裂纹！异响带来的裂纹在这里！”

“经过计算，这样的裂纹的确可能影响整体性能，需要改进一些设计的关键参数。”

“改！马上改进！”

“方案一……”

“方案二……”

“方案三……”

……

终于，实验室里再也没有了试样的异响声，专用装备的可靠性又登上了一个台阶。没有掌声也没有欢呼，大家只是相视而笑，仿佛什么都没发生。但其实，他们携手打了一个漂亮的大胜仗。

这是一场战胜自我的战斗。面对科研工作从头来过的挑战，团队全员勇敢地推翻曾经的自己。在困难和挑战面前，复合材料团队的每个人没有选择放弃或者互相指责，而是团结协作攻坚克难。他们脸上的笑容里清晰地写着，核理化院的科研人员有坚定的信念和团结的力量，任何困难都可以克服，任何目标都能够实现。

我与“中心道”的不解之缘

执勤三大队执勤十一中队 殷明浩

我叫殷明浩，2020 年入伍，是执勤十一中队的一名满服役期士兵，核理化院的“中心道”是我每天的必经之路。道路起点是核能之光雕塑，它象征着“强核报国、创新奉献”的核工业精神，路的终点则是“永远做党和人民忠诚卫士”的红色浮雕。短短两年时间，我在这条宽 7 米，长 756 步的“中心道”上累计走过了 50 多万步。时光流转，我见证了“中心道”的变化，它见证了我的成长。

这是一条忠诚之路，红色是它的底色。记得刚来到连队时，老连队“直线加方块”的简单枯燥和我想象中激情澎湃的军旅生活大不一样。巨大的心理落差，曾让我一度意志消沉，甚至产生提前退伍，回家创业的想法。直到有一天下哨，领班员带我们来到道路旁的“院士墙”前，和我们讲述王承书院士放弃美国优厚的物质生活，毅然回国研究同位素分离技术的事迹。我是江苏扬州人，在扬州何园就曾听说过王承书院士的名字，如今对王承书院士的伟大人生有了更深入的认识。那一刻，我仿佛听到了王承书院士在说，“如果让我再一次选择我的人生，我还是会义无反顾地投身核事业。用尽一辈子做一件对国家有意义的事，我从不觉得这是牺牲。”我们国家核工业能取得今天的成绩，靠的不就是这种奉献到倾尽所有，奋斗到至死方休的坚强信念吗？为了祖国，牺牲值得，为了人民，奉献值得，为了明天，奋斗值得。

照片中的道路就是核理化院的“中心道”，第一组图片拍摄于2021年春，第二组图片拍摄于2022年7月。

这是一条成长之路，汗水在这里抛洒。作为一名大学生士兵，我从没想到军事训练会成为我成长的“拦路虎”。400米障碍、擒敌、5千米、班组战术这些新兵连时闻所未闻的训练科目着实让我犯了难。记得一次中队5千米考核，我的成绩又不太理想。考核结束后，在从中心道往回走的路上，班长看出了我的失落。他拍着肩膀对我说，“明浩，你现在所走的每一步路，在你之前都有无数老兵从这里出发、奔跑、回到终点。像你一样有过短暂挫折的不是少数，但从来没有一个人认输。跌倒了可以站起来，但是认输了就再也起不来了。”从此以后，每天班长都要带着我到中心道上长跑、短跑，教我训练动作要领。后来，我自己利用业余时间加练，跑在院区新铺设的塑胶跑道倍感增力，抬头望着　“三聚”“三勇”“三严”等标语牌信心更加坚定。成长的代价是汗水，奋斗是青春最美的色彩。

这是一条胜战之路，打赢从这里出发。核理化院大门哨，位于“中心道”的最北端。如今的我，已累计在这个哨位上度过了 836 个小时。作为优秀哨兵，对如何运用人像识别系统查验证件、检查出入人员，早已烂熟于心，各类高科技设施给我带来了前所未有的方便。但是，我上第一班哨时，与我一起上勤的上士班长对我说，“以前的哨位可不是这样的，我当新兵时，中队大门哨只是狭小的岗楼，通信线路也是时好时坏。”伴随着核理化院改革发展的步伐，院保卫管理工作的精益求精，人像识别系统、车底检查系统、外围监控报警系统……高科技技防护手段与核理化院的院区各项建设同步更新、日益完善，我们的执勤理念和执勤能力也不断升级。“站忠诚岗、上战斗哨、当可靠兵”的理念，早已融入了我们执勤的一言一行、一举一动。以后随着核理化院的高质量发展，我相信这条路还会发生许多变化，但“中心道”代表的忠诚品格、胜战理念和奋斗作风将会历久弥坚。

“中心道”见证了我的成长；“中心道”也见证了核理化院 60 多年的发展变化；相信“中心道”还会继续见证我国核工业的明天。

我与王先生的一面之缘

数字化与档案中心/战略科技情报研究中心　朱兆煜

记得，20世纪90年代初的一天，我正在写院团委“板报”。因为太过投入，我并未能察觉身边有人驻足。突然，一句赞美之词打断了我的“创作”

“这字真漂亮。”这声音是那么的轻柔，又那么的和蔼。我抬头望去，在我的侧后方，站着一位身材修长、衣着朴素的年长女士。我向她礼貌性地点头称谢，然后继续投入我的创作。这位年长的女士可能是怕打扰我，悄悄地走开了。这时，院团委书记走了过来，笑着问我说：“刚才那位你认识吗？”我摇摇头，非常肯定答道“不认识”！“好么！这么一位大人物，你居然不认识”。我很尴尬地笑了笑说：“真不好意思，确实不认识，请您揭晓答案吧！”团委书记一板一眼地说出三个字“王承书”！三个字一出来，我心里的情绪翻涌，高兴、激动、兴奋……

令我意外的事情发生了。没过一会儿，王承书先生去而复返，手里还拿了一本小册子。她走到我身边轻轻地说：“小伙子，难得你年纪轻轻，字却写得这么好，这本字帖送给你，对你应该有帮助的。”我连忙站起，千恩万谢，接字帖的手因为激动而微微颤抖。我打开字帖的扉页，发现在右下角处加盖着一方朱红的印章，印文是四个标准的秦小篆——“张文裕印”。

此时，王先生似乎看出了我的疑惑，便笑了笑说："这是我家老头子的字帖，送给你吧！"我赶忙客气说："这怎么好意思呀！您把字帖给我，那您爱人用什么练书法啊？"她苦笑了一下说："他人已经不在了，你就收好了吧！"此时此刻，我也陷入了尴尬的局面，不知道怎么回复王先生才好，就在我发愣的一瞬间，王先生向我轻轻地摆了摆手，又轻轻地离开了！

自那以后，我就再也没有见到过王先生。三十多年过去了，现在回想起来，王先生赠送我字帖的画面依然是那么清晰可见。我还记得王先生那清瘦的身影、亲切的声音、和蔼的笑容。这份一面之缘也成为了我人生的美好回忆。

今年是核理化院成立六十周年，也是王先生逝世三十周年。我很荣幸自己能与王先生有一面之缘，王先生虽然已经离开我们多年了，但"许党报国、厚德至诚、温蕴谦恭、精微致远"的承书风范一直激励着核理化人迎难而上、大步前进。